CINCO TRABAJOS DE

ANTROPOLOGÍA FÍSICA
(2010)

La ilustración de la portada es de Souich: cráneo 1 de la cueva del Turó del Mal Pas (Mura, Barcelona), Bronce inicial de Cataluña.

Edita: Lulu Enterprises
Raleigh, N. C., U.S.A.
www.lulu.com

ISBN: 978-1-4457-5308-9

ÍNDICE

NUEVA REPRESENTACIÓN GRÁFICA DE LA DISTANCIA C^2_H DE PENROSE

Luis Ruiz, Felipe du Souich

Laboratorio de Antropología. Facultad de Medicina. Universidad de Granada. Avda. de Madrid, 11. 18012 - Granada.

(Data de alrededor de 1991, se quedó olvidado en un cajón, nunca se publicó)

La publicación de Penrose (1954) supuso una aportación importante para el estudio de relaciones antropométricas y morfológicas entre poblaciones; y esto por un doble motivo: en primer lugar, porque la estimación de la nueva distancia que se proponía (C^2_H) no requería complejos cálculos matemáticos y, en segundo, porque no solamente aportaba información sobre la distancia total sino que se podía desglosar el peso específico que, sobre la misma, tienen las componente de tamaño (*size*) y forma (*shape*).

Por otra parte, en el propio trabajo de Penrose se ponía de manifiesto la estrecha relación entre C^2_H y otras distancias más generalizadas como la D^2 de Mahalanobis, así como alguna de las limitaciones (únicamente variables independientes) a la utilización del método.

Desde entonces, y a pesar de modificaciones planteadas por algunos autores, como por ejemplo, la expresión propuesta por Billy (1975) para la determinación del valor de σ más conveniente en la normalización de los datos, e incluso algunas críticas sobre su validez para representar fielmente la realidad, los valores de distancia C^2_H han sido frecuentemente utilizados por sí solos y en la construcción de cladogramas; aunque, tal vez, la representaciones gráficas más conocidas de esta distancia son las que contemplan, independientemente, sobre ejes ortogonales, cada una de sus dos componentes: tamaño (C^2_Q) y forma (C^2_Z); puesto que, como hemos comentado más arriba, la información complementaria que aporta este desglose es la que hace de la distancia de Penrose una herramienta muy valiosa para las comparaciones en estudios antropométricos.

En el presente artículo, se pretende aportar solución a determinados problemas en relación a estas representaciones bidimensionales de C^2_H con los que han de enfrentarse los investigadores y que, nuestra propia experiencia nos dice, en determinados casos, puede suponer el desistir de su utilización.

Cualquier antropólogo que haya abordado un estudio comparativo de un conjunto de poblaciones humanas mediante el cálculo de la distancia de Penrose, y pretenda materializar su distribución espacial mediante una representación bidimensional del tipo antes mencionado, la primera decisión a la que tiene que enfrentarse es la de elegir cual de las series analizadas utiliza como serie base, es decir, a cual atribuye coordenadas (0,0) y, por tanto, sitúa en el origen de los ejes. En principio se puede pensar en la serie que cuenta con un mayor número de individuos, en la más antigua, en las más reciente o, tal vez, en aquella sobre la que se tiene un especial interés de conocer su relación respecto de las otras. En cualquier caso, la opción es siempre arbitraria.

Figura 1

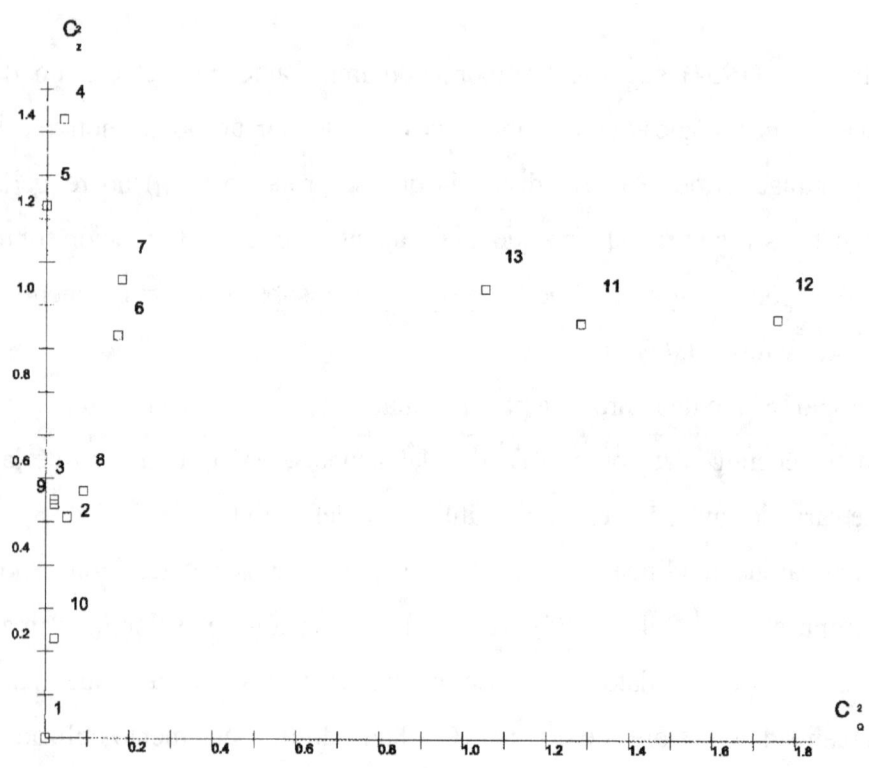

Entre tanto, el investigador descubre que esta decisión no es tan inocente y que las posiciones relativas de las series estudiadas pueden variar, en ocasiones significativamente, en función de cual sea la serie base elegida, como ponen de manifiesto las figuras 1 y 2 (serie base: peruanos).

Por otra parte, en la figura 1, donde hemos utilizado como serie base una población de tipología mediterránea, La Torrecilla (Souich, 1978 y 1979), se observa una agrupación de puntos en torno al eje de ordenadas (C^2_Z), lo que puede interpretarse como reflejo de un gradiente en cuanto a diferencias de **forma** entre los individuos medios representativos de cada una de las poblaciones analizadas; situándose como grupo morfológicamente más cercano a La Torrecilla, el de los egipcios -otra población mediterránea- y los representantes australoides (australianos y tasmanos) los más distantes. Por otra parte, claramente separados del resto, bosquimanos, andamaneses y mesolíticos, se destacarían como poblaciones que mayores diferencias respecto al **tamaño** (C^2_Q) presentan con la serie base.

Hasta aquí todo correcto. No obstante, cualquier antropólogo físico podría poner en duda los resultados únicamente con observar la proximidad entre bosquimanos y mesolíticos.

Sin duda, la dificultad estriba en que el esquema no considera las diferencias relativas de tamaño (*más grande que.../más pequeño que...*), sino únicamente las diferencias absolutas.

Sabemos que, por definición de "distancia", su valor siempre ha de ser positivo (Jaquard, 1973). No obstante, nuestra propuesta asume que, en términos de representación gráfica, es más conveniente considerar el signo (- o +) de C^2_Q, manteniendo su valor absoluto. Este signo se hace coincidir con el obtenido para la suma de las diferencias (Σdi) antes de elevarla al cuadrado.

Figura 2

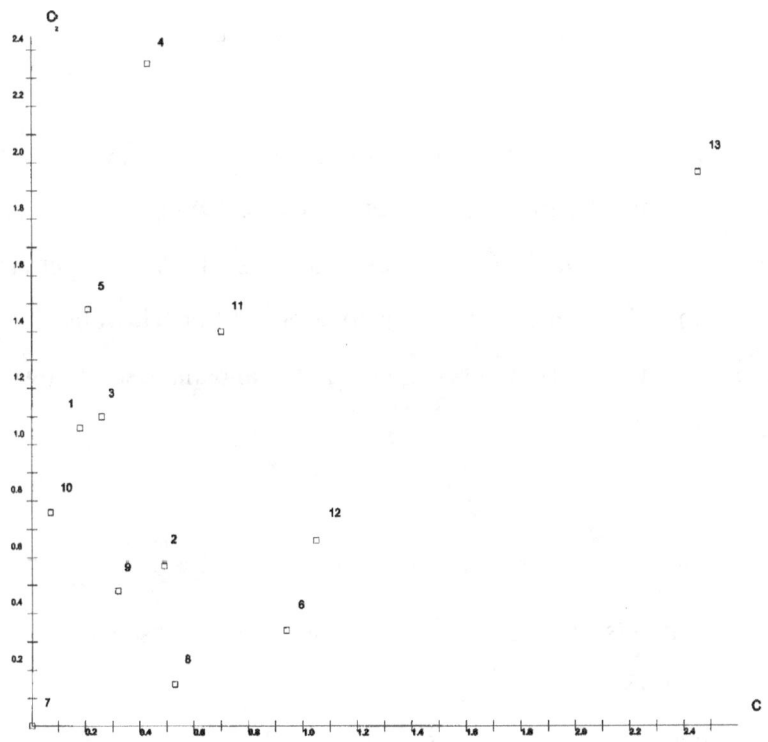

En la figura 3 podemos constatar las diferencias derivadas de esta modificación, y como esta nueva distribución, para los mismos datos de la figura 1, se adecua mejor a la realidad. La razón de ello, como ya habrá comprendido el lector, es que esta nueva representación ilustra con mucha más precisión sobre la importancia de la componente de tamaño.

Figura 3

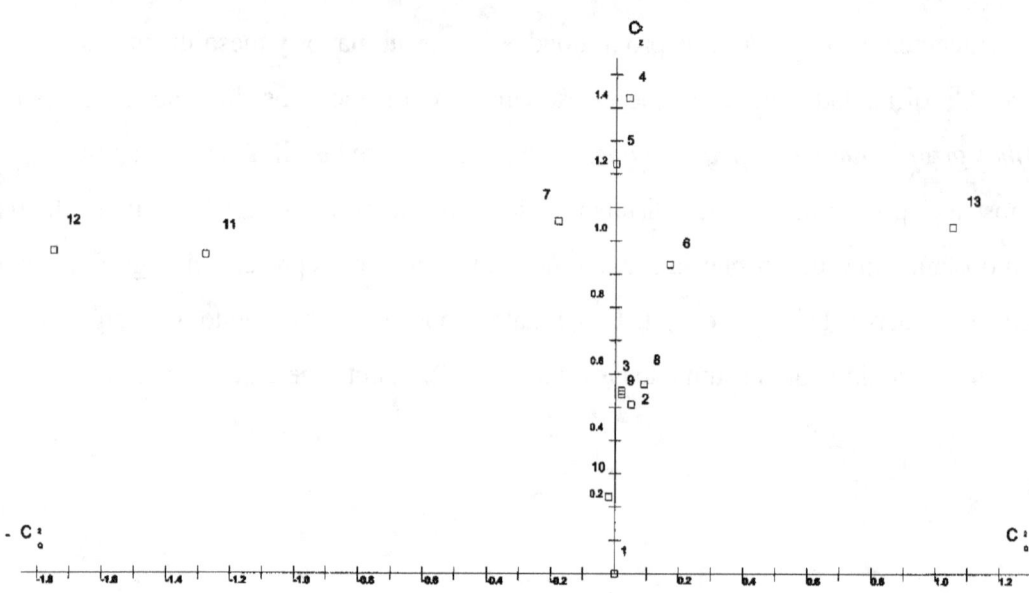

Las claves numéricas de las series utilizadas para todos los gráficos son: 1. La Torrecilla (Souich, 1978 y 1979), 2. noruegos (Howells, 1989), 3. zulúes (Howells, 1989), 4. australianos (Howells, 1989), 5. tasmanos (Howells, 1989), 6. arikaras (Howells, 1989), 7. peruanos (Howells, 1989), 8. japoneses del Norte (Howells, 1989), 9. japoneses del Sur (Howells, 1989), 10. egipcios (Howells, 1989), 11. bosquimanos (Howells, 1989), 12. andamaneses (Howells, 1989), 13. mesolíticos (Briggs, 1955).

BIBLIOGRAFÍA

BILLY, G. (1975) Les grands courants du Peuplement Égypto-Nubien jusqu'à l'époque Romaine. *L'Anthropologie*, 79 (4): 629-657.

BRIGGS, L.C. (1955) *The Stone Age Races of Northwest Africa*. Cambridge (Massachusettes): Peabody Museum, Harvard University, vol. 18.

HOWELLS, W.W. (1989) *Skull Shapes and the Map*. Cambridge (Massachusetts): Peabody Museum, Harvard University, vol. 79.

JACQUARD, A. (1973) Distances généalogiques et distances génétiques. *Cahiers d'Anthropologie et d'Écologie Humaine*, 1: 307-328.

PENROSE, L.S. (1954) Distance, Size and Shape. *Annals of Eugenics* 18 (4): 337-343.

SOUICH, Ph. du (1978) *Estudio antropológico de la necrópolis medieval de La Torrecilla (Arenas del Rey, Granada)*. Universidad de Granada: Tesis Doctoral.

SOUICH, Ph. du (1979) Estudio antropológico de la necrópolis medieval de La Torrecilla (Arenas del Rey, Granada). *Antropología y Paleoecología Humana*, 1: 27-40.

NOTAS SOBRE LA ALIMENTACIÓN EN EL REINO DE GRANADA Y ANÁLISIS DE OLIGOELEMENTOS EN LA TORRECILLA (ARENAS DEL REY, GRANADA)

Felipe du Souich, Alejandro Pérez-Pérez

Laboratorio de Antropología. Facultad de Medicina. Avda. de Madrid, 11. 18012-Granada; Laboratorio de Antropología. Facultad de Biología. Avda. Diagonal, 645. 08028-Barcelona.

(Trabajo de alrededor del año 1992, se escribió por encargo de una revista que dejó de existir justo antes de publicarlo)

Al Prof. Dr. D. Antonio Arribas Palau, *in memoriam*.

Los autores consultados están de acuerdo en centrar la alimentación de los andaluces de la época medieval en los productos tradicionales de la Cuenca Mediterránea. Por esta razón vamos a pasar revista y comentar cada una de estas fuentes de comida.

LOS CEREALES

De acuerdo con las fuentes musulmanas (López de Coca, 1980), el trigo, la cebada y el mijo eran objeto de un amplio cultivo en las comarcas del surco intrabético. La cebada predomina en los campos de Fuengirola; el trigo parece monopolizar con su presencia los predios de Cártama y Alhama. En la Alpujarra existieron variedades de trigo de regadío.

Las carencias, en el reino nazarí, obligaron a cultivar diferentes tipos de cereales panificables; incluyendo los llamados cereales viles como el panizo, normalmente utilizado para alimentar las aves, al igual que la alcundia, de cuya planta se mantiene el ganado vacuno; éstos estaban reservados a las tierras y a las personas más pobres y humildes.

Según Ladero Quesada (1969), el cultivo de los cereales se hacía en todos los lugares posibles porque la cosecha era insuficiente para remediar las necesidades nazaríes; de ahí el recurso al mijo y, sobre todo, a las importaciones (de Marruecos, por ejemplo) que gravaban pesadamente el comercio exterior nazarí en los años de escasez. Todo parece indicar que la zona costera fue la más deficitaria en este aspecto.

Si se cree a Ibn al-Jatib, se utilizaba sobre todo el trigo candeal en la preparación de numerosos platos; Lisan al-Din precisa que los pobres y los obreros se nutrían, sobre todo en invierno, de un excelente mijo (Arié, 1973).

Ibn al-Jatib hablaba de los campos ampliamente regados de Loja y los contrastaba con los de la vecina Alhama, caracterizados por su sequedad. En la Alpujarra, el regadío era utilizado para el cultivo del panizo y la alcundia, lo mismo que en tierras de Vélez Málaga, pues de esta manera se obtenía una segunda cosecha anual de cereales (López de Coca, 1980).

A propósito del arroz hay que señalar que siendo frecuente en la Europa meridional, se convirtió en un alimento popular, consumido por los pobres al final de la Edad Media (Arié, 1973).

LA VID

El viñedo se caracteriza por su omnipresencia (López de Coca, 1980), para la producción de uva, de vino, aunque resulte sorprendente, y para la obtención de pasas, uno de los bienes más famosos de la agricultura granadina y objeto de una amplia comercialización.

Ibn Battuta celebraba las uvas de Málaga y los viñedos de Almuñécar eran famosos (Arié, 1973). Ibn al-Jatib elogiaba la calidad de las uvas pasas de Almuñécar y Comares (López de Coca, 1980).

Los viñedos cubrían toda la vertiente mediterránea de las sierras y crecían cara al mar (Ladero Quesada, 1969); esto no descarta, sin embargo, su cultivo en otras zonas. Está asociado, en ocasiones, con el olivo, pero es más frecuente que aparezca asociado con la higuera (López de Coca, 1980).

EL OLIVO

La repartición territorial del olivo fue siempre heterogénea, pero no parece que estuviera muy extendido; la producción de aceite nunca fue grande y las importaciones se hicieron necesarias (Ladero Quesada, 1969; López de Coca, 1980).

Ibn al-Jatib hablaba de los olivares de Loja (Arié, 1973).

LAS VERDURAS Y LAS LEGUMBRES

Arié (1973) menciona los hinojos, la alcaravea, el ajo, el rábano, el pepino, la lechuga, el nabo, el espárrago, la espinaca, la calabaza, la berenjena, las habas, los garbanzos y las lentejas.

LAS FRUTAS

Los higos, junto con las almendras, que no suelen andar muy lejos, y las pasas fueron frutos secos característicos de una agricultura granadina orientada hacia la exportación (López de Coca, 1980). Cuando Abd al-Basit visitó Almuñécar, se cargaban, en el puerto, almendras e higos con destino a los países cristianos (Arié, 1973).

En la Alpujarra crecían perales, manzanos, nogales, castaños en las altas tierras de Poqueira y Ferreira; en las zonas más bajas y protegidas, naranjos, limoneros, cidros y moreras; en Almuñécar, las plataneras que abastecían todo el reino (Arié, 1973).

Otras frutas eran las granadas, los membrillos, los ciruelos, los melocotones, los albaricoques, las cerezas, las sandías, los melones, las bellotas, las avellanas, los piñones.

Ibn Fadl Allah al- Umari celebraba las manzanas y las cerezas de Granada, los higos secos de Almuñécar; de Málaga, Ibn Battuta elogiaba las granadas, las almendras y, sobre todo, los higos (Arié, 1973).

Cultivos para la exportación fueron la caña de azúcar, cosechada en las vegas mediterráneas, especialmente en Motril, Salobreña y Almuñécar, los frutos secos como la uva pasa, el higo y, en tercer término, la almendra. La horticultura, la arboricultura y los cultivos especializados de regadío, además de proporcionar buena parte de la alimentación de los granadinos, eran utilizados para conseguir los necesarios cereales y otros productos (Ladero Quesada, 1969).

OTROS PRODUCTOS

Gozaban de fama universal las hierbas medicinales recogidas en Sierra Nevada, entre ellas la coniza (López de Coca, 1980).

Las especies preferidas eran el azafrán (cultivado en Baza), el comino, el jengibre, el cilantro (Arié, 1973).

LAS TAREAS AGRICOLAS

Estas se desarrollaban de acuerdo con un calendario popular, cuyas características se conocen parcialmente gracias a unos fragmentos anónimos, del siglo XV, llegados a nuestros días (Arié, 1973; López de Coca, 1980):
-Enero: recogida de la caña;
-Febrero: se injertaban los manzanos y los perales;

-Marzo: se plantaba la caña de azúcar y el algodón; se veían salir los gusanos de seda;

-Abril: aparecían las rosas y las violetas; se plantaba la palmera, la sandía y la alheña; el campesino nazarí esperaba lluvias que hicieran crecer el trigo, la cebada y otros cereales;

-Mayo: la ciruela, el albaricoque, la manzana temprana, el pepino aparecían; se recogían las habas y las adormideras; se segaba la cebada y se cogían las semillas del lino; el pavipollo real venía al mundo y las abejas producían la miel;

-Junio y julio: la siega, la trilla y el desgrane ocupaban el tiempo del campesino;

-Al final de agosto, la uva y el melocotón habían madurado; se recogían la alheña y las nueces; se sembraban los nabos, las habas y los espárragos;

-Septiembre: la vendimia; se recogían las granadas y los membrillos; la aceituna se oscurecía y empezaba a crecer el mirto (arrayán);

-Octubre: aparecían las rosas blancas; se preparaban las mermeladas de membrillo y de manzana;

-Noviembre: se recogía el azafrán;

-Diciembre: llovía y el agua se acumulaba en las cisternas; aparecía el narciso; en los huertos se sembraban el ajo, la calabaza y la adormidera.

LA GANADERIA, LA CAZA Y LA PESCA

La cría de ganado se practicó en todas las zonas serranas y a menudo bajo forma trashumante: de los pastos veraniegos alpujarreños y de la Serranía de Bentómiz (sierras de Tejeda y Almijara) se descendía en invierno a los de Dalías y a los de Motril y Salobreña, desde Zalía y Zafarraya; Zafarraya quiere decir, precisamente, campo de pastores. Se criaba vacuno, ovino y caprino, pero las vacas no eran muy numerosas, y las cabras debieron de abundar más que las ovejas, sobre todo en las sierras (Ladero Quesada, 1969).

De todos modos la cabaña granadina se caracterizó siempre por sus pequeñas dimensiones; en parte como fruto de una tradición agraria en la que el ganado no ocupaba un lugar preeminente; también, por la estrechez del territorio nazarí y la falta de pastos suficientes (López de Coca, 1980). Durante algunas treguas se efectuaron intercambios e importaciones desde Castilla; sin embargo, Granada no necesitó casi nunca importar cueros, pieles, lana, queso, miel o cera, abundantes, por otra parte, en el Norte de África. La carne no debió ser producto de consumo diario en el emirato, por lo que no causaría grandes problemas económicos y el valor de la volatería y aves se circunscribió al ámbito local (Ladero Quesada, 1969).

Era celebrado el conejo doméstico de Loja. Los animales de tiro eran el buey, la mula y el asno (Arié, 1973).

La caza y la apicultura fueron siempre actividades complementarias, pero necesarias en el trabajo campesino. Caza menor y, desde luego, mayor, pues había osos en las asperezas de Sierra Nevada y Ronda, mientras que los jabalíes y lobos abundaban por doquier. La apicultura resultaba fundamental para la obtención de miel, el edulcorante más popular, y la obtención de cera (López de Coca, 1980); la miel de Vélez Málaga tenía mucha fama (Arié, 1973).

La dedicación a cultivos especializados de exportación agravaba, en el litoral mediterráneo, el déficit de cereales y de carnes; la pesca proporcionó alivio a este problema y se practicó en todos los lugares costeros desde Almería a Estepona (Ladero Quesada, 1969). Según los autores árabes, en Almuñécar y Salobreña, las gentes madrugaban con objeto de llevar pescado al interior, donde gozaba de gran aceptación (Arié, 1973; López de Coca, 1980).

EL REGIMEN DE PROPIEDAD

No abundan las noticias -nos dice Ladero Quesada (1969)- acerca del régimen de propiedad de la tierra labrada y del de los pastos en la reservada a la ganadería.

El sector noroeste de La Vega granadina, el más rico, estaba ocupado por caseríos o almunias propiedad del emir y de otros personajes poderosos. En el resto de La Vega, la tierra de las alquerías estaba, o bien muy fragmentada entre pequeños propietarios, o bien concentrada en manos de unos pocos: había alquería cuyo territorio era propiedad de una o dos personas.

Fuera de La Vega nada se sabe, salvo de Salobreña, cuya tierra era casi toda propiedad del emir, por cuanto la ciudad constituía su residencia campestre y hacía a menudo oficios de corte. También en Motril tenían los nazaríes valiosas fincas privadas (Ladero Quesada, 1969).

Existe información en lo que toca a la pequeña propiedad territorial granadina (López de Coca, 1980), donde la excesiva fragmentación y el minifundismo imponían sus leyes; se daba incluso la división de la propiedad de un árbol contando las ramas; el fraccionamiento es todavía más acusado en el caso de los olivos, que suelen aparecer divididos en tres, cuatro, seis y ocho partes.

La existencia de la gran propiedad, por un lado, y del minifundio, de otro, impulsaron a muchos campesinos a trabajar tierras por cuenta ajena (López de Coca, 1980).

Se sabe, además, que los impuestos eran muchos y bastante agobiantes.

LA COCINA GRANADINA

Se dará forma a este apartado siguiendo la redacción dedicada a este tema en el soberbio libro de Rachel Arié (1973).

La comida habitual de los granadinos se inspiraba, en su conjunto, en la tradición culinaria hispanomusulmana.

Las clases trabajadoras se contentaban, como en el pasado, de sopas espesas de harina, de sémola o de otras féculas, mezcladas o no con carne picada. El *gasis*, sopa de trigo y verduras, la *harisa*, papilla compuesta de trigo, de carne picada y de grasa, las sopas de levadura y hierbas, -hinojo, alcaravea y diente de ajo-, eran los platos más populares en al-Ándalus así como el fideo.

Refugiado en Egipto en el atardecer de su vida, el *qadi* granadino Ibn al-Azraq evocaba con nostalgia al final del siglo XV, en un poema culinario, el sabor del *bulyat*, especie de papilla que se comía con aceite, y el del *tarid*, pan troceado y remojado en un caldo de carne y verduras. Echaba de menos la *asida* andaluza, papilla de harina de trigo cocida en una sopa de hierbas estacionales, y el *couscous* (*kuskus*), sémola cocida al vapor y rociada de caldo.

Después del trigo venía la cebada, el arroz y finalmente las papillas de habas, de garbanzos y de lentejas que eran muy apreciadas.

Según el autor anónimo del calendario granadino del siglo XV, los andaluces consumían muchas verduras; se recomendaba comer ajo todas las mañanas en enero y beber agua caliente inmediatamente después. En marzo, convenía dar la preferencia a los *bawarid*, entremeses fríos preparados con vinagre y salsas picantes. En abril, se alimentaban de rábanos, aceitunas, pepinos. La comida de mediodía era ligera en verano: pan, ensalada de lechuga, aceitunas, quesos. Por la noche, se comía pan con melón o con leche fresca. Desde el mes de mayo, los andaluces consumían frutas frescas que la España musulmana producía en abundancia; durante la primavera y el verano, la sandía, las ciruelas, los albaricoques, las granadas y los higos; también se consumían uvas y almendras. Según Ibn al-Jatib, se hacían provisiones de higos y uvas pasas, manzanas, granadas, castañas, bellotas, nueces, almendras y otras frutas. En octubre se daba preferencia al pescado y al limón.

La alimentación de las clases pudientes se caracterizaba por platos más complicados. Mientras que la carne era un lujo para la gente sencilla, -solamente la comían en ocasiones de celebraciones religiosas o familiares-, las clases medias y altas la consumían en invierno. Se alimentaban de sopas de carne con diversos aliños, vinagre, harina de flor, espinacas. Los andaluces apreciaban particularmente la carne de cordero o lechal, y de cabrito. Los ricos comían la *maruziyya*, plato compuesto de carne preparada con sal, cilantro, aceite, un poco de miel, dos masas de almidón, almendras y peras; también se le añadían nueces verdes. A los hispanomusulmanes también les gustaba la composición a base de carne (*tafaya*), verde o blanca según que se pusiera un ramillete de cilantro fresco o seco, el guiso de carne o de pescado con vinagre: La longaniza hacía la competencia a las albóndigas de carne picada.

Los días de fiesta se servían alimentos de origen animal, a la cabeza el pollo, el pichón, la perdiz, la tórtola y la alondra. Se rociaba el pollo con una salsa hecha con ajo y queso, y se condimentaba con especias, vinagre y azafrán, la liebre al horno. Las especias preferidas eran el azafrán, el comino, el jengibre, el cilantro; gustaban el hinojo, el orégano, el ajo y la cebolla.

Las frituras desempeñaban un papel importante en la cocina andaluza. Se preparaban excelentes buñuelos de berenjenas, tortas de requesón.

Entre los postres se citan los buñuelos a base de harina y agua (*isfang*), y a base de trigo (*zulabiyya*), los pasteles de miga de pan, de avellanas y de miel (*zabazin*), las rosquillas (*ka'k*) meladas, con almendras mondadas y perfumadas con agua de rosas o adornadas con dátiles deshuesados, los pasteles de pasta de almendra fritos en aceite y espolvoreados con azúcar, perfumados con almizcle, las tortas de piñones y nueces majadas.

Las bebidas corrientes eran la leche, el agua aromatizada con esencia de azahar o rosas, jarabe de membrillo o de manzana.

Los ricos bebían vino, a pesar de la prohibición coránica, u horchata, bebida de fiesta.

EL PAISAJE NATURAL DE LA TORRECILLA

El ámbito geográfico que se va a circunscribir queda limitado al norte por Ventas de Huelma, al oeste por Ventas de Zafarraya, al sur por las sierras de Alhama, Tejeda y Almijara, y al este por Jayena y Agrón; todo en la provincia de Granada. Estos límites vienen a dibujar un amplio triángulo de montes y estrechos valles que se describirán con algunos detalles más.

La ruta tradicional entre Málaga y Granada seguía el siguiente itinerario: Málaga, Vélez Málaga, Zalía, el Puerto de Zafarraya, Alhama de Granada, Cacín y Ventas de Huelma. Desde Ventas se llegaba a La Vega y a Granada, bien por Chimeneas, bien por La Malá y Gabia Grande. Esta ruta no pasaba por La Torrecilla, ni siquiera cerca.

Entre Ventas de Zafarraya y Ventas de Huelma hay unos 49 kilómetros que se pueden distribuir del modo siguiente:

- Del Puerto de Ventas de Zafarraya a Alhama se miden unos 19 kilómetros,

- De Alhama a Cacín, se cuentan unos 11 kilómetros,

- y de Cacín a Ventas de Huelma unos 19.

Desde la ya citada Jayena sale un camino que lleva a las poblaciones del Valle de Lecrín, a las Alpujarras, o a Almuñécar y Motril. Por el sur se tienen las sierras, antes mencionadas, de Alhama, Tejeda y Almijara, que separan las provincias de Málaga y Granada. Si antes se dijo que Alhama se comunica con la Costa por el puerto de Ventas de Zafarraya, el valle del Alto Cacín también lo está con ella por los puertos de Cómpeta, en la Sierra Tejeda, y de Frigiliana en la Sierra de Almijara.

Desde el Puerto de Cómpeta, se llega al pueblo de este nombre y de allí a Vélez o a Torrox. Por el Puerto de Frigiliana se alcanza Nerja y Almuñécar. Este último camino entre Nerja y el valle del Alto Cacín fue utilizado hasta hace pocos decenios para traer pescado a lomos de mula en una noche.

A pesar de todas estas rutas de comunicación, no cabe duda que los pueblos (Agrón, Jayena, Fornes, Arenas del Rey y Játar) del valle del Alto Cacín quedan bastante aislados, y así debió de ser, con mayor motivo, en la Edad Media.

Es una región muy montañosa con cortos y estrechos valles; se destacan las vegas de Zafarraya, de Alhama, de Cacín y la que debió de existir en lo que hoy es el Pantano de los Bermejales.

El clima es continental ya que las sierras impiden la llegada de los aires templados del Mediterráneo.

En las solanas de los montes abundan los almendros y los olivos. En las tierras de secano, hasta hace pocos años, se cultivaban cereales.

EL POBLADO MEDIEVAL DE LA TORRECILLA Y SU NECROPOLIS

Se encuentran en la parte septentrional del Pantano de los Bermejales, junto a sus aguas, cerca del camino, ahora cortado por el embalse, que conducía de Agrón a Arenas del Rey y Játar. Desde La Torrecilla, por los viejos caminos que discurren por la orilla del pantano, se puede ir hacia el noroeste hasta los edificios de la administración de la Confederación Hidrográfica del Guadalquivir, cerca de 5 kilómetros; si se sigue el camino hacia el sureste, se llega a Fornes, casi 5 kilómetros, y después a Jayena, a unos 7 u 8.

De acuerdo con el Profesor D. Manuel Riu (comunicación personal), cabe fechar la necrópolis y, por lo tanto, el poblado del siguiente modo:

a) Una época de máxima utilización de la necrópolis entre los siglos IX-X y finales del XI.

b) La necrópolis seguiría siendo utilizada en mucho menor grado durante el siglo XII; en el XIII continuó en decadencia para extinguirse su uso en el XIV. Las tumbas de los siglos XIII y XIV serían las menos.

La necrópolis de La Torrecilla fue el cementerio de una población rural, bastante pobre, y muy aislada a causa de su situación geográfica (Souich, 1978, 1979 y 1982).

LAS FUENTES

En su día (Souich, 1978), no se consiguió encontrar nada en absoluto que pudiera referirse a La Torrecilla. No se tiene, pues, ningún dato histórico si se exceptúan los arqueológicos (Arribas y Riu, 1974-79; Souich, 1978).

Se dispone de sólo dos interesantes citas que hacen referencia a Jayena:

- Henríquez de Jorquera (1934) relata (s. XVII) que despúes de la conquista, Jayena le fue dada *"al infante Cidi Haya... por ser de su patrimonio, que se tituló don Pedro de Granada"*- al convertirse, *"que fue caudillo de Baça y señor de Almería, primo hermano del rey Mahomad Abdillí. Era este infante Cidi Haya hijo de Aben Celín, tio del rey dicho y por aber seguido la parte del rey Çagal, su tio, se avia pasado al servicio de los reyes con su tio el Çagal..."*

- Hurtado de Mendoza (1970) dice que Jayena seguía perteneciendo (s. XVI) a la familia de Alonso de Granada Venegas. Venegas deriva, casi seguramente, de Bannigas, familia del partido legitimista desde 1419 (según Arié -1973-, la familia Venegas era de origen cristiano).

Recordando que Jayena está a 7 u 8 kilómetros de La Torrecilla, sin embargo, es muy posible que las tierras del poblado que nos ocupa también pertenecieran a un pequeño o gran terrateniente, y que muchos de sus moradores fueran trabajadores por cuenta ajena visto que las excavaciones parecen indicar que eran bastante humildes. También es posible que algunos de los habitantes de La Torrecilla fueran dueños de algunas parcelas que no pasarían de microfundios.

Es posible imaginarse a los moradores de La Torrecilla viviendo del cultivo de las tierras de secano y de la pequeña parte de vega que les correspondía junto al río Cacín; se puede también pensar que tendrían ovejas y cabras, pero no parece que muchas. De todo esto podría, quizá, deducirse que también su alimentación sería muy sencilla: comidas a base de harinas de cereales, verduras, legumbres, algunas frutas, queso y leche, algo de volatería y poca carne.

ANALISIS DE OLIGOELEMENTOS

Alejandro Pérez-Pérez estudió 30 individuos del yacimiento de La Torrecilla (15 masculinos y 15 femeninos). El análisis de las concentraciones de oligoelementos en hueso lo realizó mediante Espectroscopía de Absorción Atómica. Las muestras de hueso compacto las obtuvo de tibias y analizó el contenido de Estroncio (Sr), Zinc (Zn) y Calcio (Ca).

Con una broca de dentista pulverizó una muestra de hueso compacto de las crestas anteriores de las tibias. A continuación, incineró en una mufla a 450º C, durante 2 horas, en cubiletes de porcelana y digirió 0.5 g de las cenizas incineradas en un baño de arena en caliente con ácido nítrico concentrado, durante dos horas. Seguidamente, disolvió la muestra en 5 ml de ácido clorhídrico 2N en caliente y H2O hasta 50 ml, la solución así obtenida presenta una concentración de 0.5 g de ceniza en 50 ml. (10 g/l).

La lectura de la absorbancia de las muestras la realizó en un espectrómetro de absorción atómica marca Varían modelo AA-875, y las concentraciones de los elementos considerados se expresan respecto a la cantidad de ceniza analizada y en función de la dilución efectuada. Las concentraciones de los elementos se expresan en µg/g para el Sr y Zn, y en mg/g para el Ca. Los índices de Sr/Ca y Zn/Ca reflejan las concentraciones de Sr y Zn obtenidas en µg/g respecto al total de Ca en mg/g El índice corregido de Sr o índice observado se obtiene dividiendo los valores calculados de Sr/Ca de cada individuo del yacimiento por el promedio considerado de los herbívoros del mismo yacimiento. Sr/Ca(c)= Sr/Ca (muestra) / Sr/Ca (precursor) (Fornaciari y Mallegni, 1987).

En la necrópolis de La Torrecilla, la muestra de herbívoros analizada no provenía del mismo nivel estratigráfico y, aunque era de un área cercana, dio valores fuera del rango posible, por lo que tuvo que ser descartada a falta de otras muestras de herbívoros procedentes del mismo yacimiento.

En la siguiente tabla se muestran los resultados obtenidos en la muestra analizada:

	(Ca	std)	(Sr	std)	(Zn	std)
A	366.6	41.8	724.5	165.3	111.9	16.0
F	375.2	57.2	720.9	162.2	109.6	10.7
M	358.0	9.1	728.2	168.2	114.3	19.6

(A: adultos, F: femeninos, M: masculinos)

	(Zn/Ca	std)	(Sr/Ca	std)	N
A	0.31	0.05	2.00	0.51	30
F	0.30	0.05	1.97	0.54	15
M	0.32	0.06	2.03	0.47	15

(A: adultos, F: femeninos, M: masculinos)

Los valores obtenidos del índice Zn/Ca en la serie de La Torrecilla son bajos (Zn/Ca = 0.31) y no se observan diferencias entre los sexos (M= 0.30, F= 0.32). Ello sugiere un aporte de proteínas de origen animal bajo en ambos sexos. En cambio, las concentraciones absolutas de Sr son bastante altas, al igual que el índice Sr/Ca. Al no disponer de herbívoros no ha sido posible corregir este indicador de ingesta de vegetales: el índice sin corregir depende de la disponibilidad de Sr en el medio, que para el lugar donde se sitúa La Torrecilla puede ser alta debido a la existencia de afloramientos de Sr en la zona.

El bajo índice Zn/Ca (0.31) obtenido apoyaría, por lo tanto, la hipótesis de una dieta pobre en proteínas animales para la población de La Torrecilla.

A continuación se va a ver el lugar que ocupa la serie medieval de La Torrecilla, entre otras muestras de población, por el índice Zn/Ca (Lalueza y Pérez-Pérez, 1989; Pérez-Pérez, 1990; Pérez-Pérez y Lalueza, 1991; Pérez-Pérez, Turbón y Hernández, 1989):

-Romana de Tarragona -s. III-V,

	N	(Zn/Ca	std)
F	15	0.35	0.10
M	15	0.39	0.10

-La Olmeda (Pedrosa de la Vega, Palencia) -s. VII-XIII,

N	(Zn/Ca	std)
26	0.44	0.17

-L'Esquerda (Osona, Barcelona) -s. VIII-XIV,

N	(Zn/Ca	std)
22	0.65	0.24

-La Torrecilla (Arenas del Rey, Granada) -s. IX-X al XIII-XIV,

N	(Zn/Ca	std)
30	0.31	0.05

-Montjuïc (Barcelona) -s. XI-XIV,

N	(Zn/Ca	std)
7	0.27	0.06

-Wamba (Valladolid) -s. XV-XVII,

N	(Zn/Ca	std)
30	0.36	0.05

De la comparación se desprende que todos los yacimientos presentados dan valores superiores del indicador de consumo cárnico si exceptuamos la necrópolis judaica de Montjuïc.

CONCLUSIÓN

De la atenta lectura de la bibliografía citada, y de la observación y estudio de La Torrecilla (Arenas del Rey, Granada), parece poder desprenderse que la alimentación de la muestra de población de nuestro yacimiento era sencilla, a base de cereales, verduras, legumbres, algunas frutas, queso y leche, algo de volatería y poca carne. Esto puede coincidir con el bajo índice de Zn/Ca obtenido que sugiere una dieta pobre en carne en comparación con otras poblaciones analizadas.

Normalmente, cuando se hacen análisis de oligoelementos, no se disponen de datos históricos respecto a los modos de vida y alimentación de las poblaciones estudiadas. En este caso, las fuentes escritas, para el Reino de Granada, parecen corroborar el resultado de los análisis y, por lo tanto, revalidar el método físico-químico utilizado.

BIBLIOGRAFIA

ARIÉ, R. (1973): *L'Espagne musulmane au temps des Nasrides (1232-1492)*. Ed. E. de Boccard, París.

ARRIBAS, A. y RIU, M. (1974-79): La necrópolis y poblado de La Torrecilla (Pantano de los Bermejales, Granada). *Anuario Est. Medievales* 9, pp. 17-40.

FORNACIARI, G. y MALLEGNI, F. (1987) Palaeonutritional Studies on Skeletal Remains of Ancient Populations from the Mediterranean Area: An Attempt to Interpretation. *Anthrop. Anz.* 45 (4), pp. 361-370.

HENRÍQUEZ DE JORQUERA, F. (1934): *Anales de Granada*, 2 vols. Publ. de la Fac. de Letras, Granada.

HURTADO DE MENDOZA, D. (1970): *Guerra de Granada*. Ed. Castalia, Madrid.

LADERO QUESADA, M. A. (1969): *Granada. Historia de un país islámico (1232-1571)*. Ed. Gredos, Madrid.

LALUEZA, C. y PÉREZ-PÉREZ, A. (1989): Estudio nutricional de la población medieval de L'Esquerda (Osona, Barcelona). *Trab. de Antropol.* 21 (3), pp. 267-280.

LÓPEZ DE COCA, J. E. (1980): El Reino de Granada (1354-1501). En: *Historia de Andalucía*, III. Ed. Cupsa y Planeta, Barcelona, pp. 317-485.

PÉREZ-PÉREZ, A. (1990): *Evolución de la dieta en Cataluña y Baleares desde el Paleolítico hasta la Edad Media a partir de restos esqueléticos*, Tesis Doctoral inédita, Fac. de Biología, Univ. de Barcelona.

PÉREZ-PÉREZ, A. y LALUEZA, C. (1991): El consumo cárnico como indicador de diferenciación social a través del análisis de oligoelementos en hueso. *Bol. Soc. Esp. Antrop. Biol.* 12, pp.81-90.

PÉREZ-PÉREZ, A., TURBÓN, D. y HERNÁNDEZ, M. (1989): Determinación de la dieta de la población medieval de La Olmeda (Palencia). *Actas del VI Congreso español de Antropología biológica*, Univ. del País Vasco, Bilbao, pp. 412-417.

SOUICH, PH. DU (1978): *Estudio antropológico de la necrópolis medieval de La Torrecilla (Arenas del Rey, Granada)*, Tesis Doctoral inédita, Fac. de Fil. y Letras, Univ. de Granada.

SOUICH, PH. DU (1979): Estudio antropológico de la necrópolis medieval de La Torrecilla (Arenas del Rey, Granada). *Antropol. y Paleoecol. Humana* 1:27.40.

SOUICH, PH. DU (1982): Notas sobre La Torrecilla (Arenas del Rey, Granada). En Souich, Ph. du y Guirao, M.: *5 trabajos de Antropología Física*. Inst. "F. Olóriz", Facultad de Medicina, Granada, pp.7-29.

Felipe du Souich

Laboratorio de Antropología. Facultad de Medicina. Universidad de Granada. Avda. de Madrid, 11. 18012 - Granada.

(Un trabajo sobre los *sapiens neanderthalensis* y los *sapiens sapiens*, de alrededor de 1996, originalmente concebido como capítulo de un libro que no llegó a publicarse.)

1. El periodo würmiense. Cambios del medio. Los diferentes grupos humanos. Problemática acerca de su dispersión.

Los antecedentes antropológicos de lo que es objeto de estudio en este trabajo son anteriores al Pleistoceno Superior, de hecho se corresponden al Pleistoceno Medio avanzado, durante la glaciación del Riss en cronología relativa europea, remontándose a hace 250 o 200000 años. Gran parte del Viejo Mundo estaba poblado por lo que muchos autores denominan *Homo sapiens* arcaico, otros prefieren hablar de *Homo erectus* progresivo (o de anteneandertales y preneandertales en Europa). Da igual el nombre o la categoría taxonómica informal que se aplique a los homínidos de aquella época, puesto que se describe un proceso evolutivo que se considera continuo.

El Pleistoceno Superior se inició con el comienzo del interglacial Riss/Würm, hace unos 130-125000 años; le siguió la glaciación Würm, que duró hasta hace unos 10000 años, momento en el que comenzó la época actual, el Holoceno.

Tradicionalmente, en Europa, se han distinguido cuatro fases dentro del Würm, separadas por tres interestadiales menos fríos: Würm I, interestadial I-II, Würm II, interestadial II-III, Würm III, interestadial III-IV, y Würm IV. El Paleolítico Superior se inició durante el interestadial II-III.

Las glaciaciones representaron, pues, periodos fríos durante los cuales, en las zonas templadas, las temperaturas medias anuales fueron inferiores en varios grados. Las precipitaciones se dieron en forma de nieve que se acumuló en los casquetes polares y en los sistemas montañosos. Este fenómeno tuvo tal continuidad que durante las fases más frías los hielos cubrían el Norte de Alemania, el Norte y el centro de Irlanda e Inglaterra, etc. Correlativamente, el nivel del mar bajó unos 100-120 m, de tal forma que muchas tierras, hoy bajo el mar, quedaron transitables o habitables. Los periodos glaciales o interglaciales sufrieron numerosas oscilaciones climáticas menos o más frías.

Las oscilaciones climáticas se tradujeron en variaciones de la flora y la fauna. Encontrar vegetación de tundra o abetos, sabinas, etc. /reno, mamut, bisonte, buey almizclero, rinoceronte lanudo, etc. en zonas hoy templadas representa una época fría. Por el contrario, hallar encina, roble, arce, fresno, chopo, álamo, etc. /hipopótamo, rinoceronte de Merk, elefante, etc., en estas mismas zonas, traduce una época cálida. Los avances de los bosques o estepas indican periodos más húmedos o secos; los episodios fríos o cálidos se traducen en avances de la tundra o del bosque caducifolio.

Dado que todos los intentos de acoplar los fenómenos glaciales europeos, americanos y asiáticos han resultado infructuosos, los arqueólogos y antropólogos, cada vez más, tienden a basar sus cronologías en las oscilaciones de las presencias de los isótopos del oxígeno (^{18}O:^{16}O) en los restos de los foraminíferos recogidos en los sedimentos del fondo del océano (Bosinski, 1990; Stringer y Gamble, 1993), estudio comenzado por Cesare Emiliani en 1955. Alrededor de estos episodios isotópicos, se definirán las siguientes fases:

-Fase isotópica 5e (130/125-115000 a.A.P.: años antes del presente -1950): el interglacial Riss/Würm.

Los hielos del episodio isotópico 6 se retiraron bastante rápidamente y los niveles de los mares subieron. Los registros de polen indican condiciones muy favorables para las expansiones forestales; los bosques caducifolios nórdicos y los ecuatoriales alcanzaron su máxima extensión. Fue un periodo húmedo en el que los niveles de los lagos fueron altos; los de los mares llegaron a alcanzar, quizás, 5 m por encima del nivel global actual.

Se han encontrado restos de elefantes de defensas rectas, hipopótamos y rinocerontes en las islas británicas. Los mamuts y los rinocerontes lanudos migraron hacia el Norte. En China, el panda y el *Stegodon*, un elefante extinguido hoy, también pudieron ampliar su hábitat hacia el Norte, había cocodrilos en el río Yangtze. El hombre no había alcanzado Australia, pero también allí estaba representada una megafauna característica, con marsupiales gigantes como el *Diprotodon*, tan grande como un rinoceronte, canguros de 3 m. de altura y un marsupial carnívoro como el *Thylacoleo*. Sucedía algo parecido en el continente americano, con mamuts, équidos, etc.

-Fases isotópicas 5d-a (115-75000 a.A.P.): templado/fresco. Esta serie de episodios se corresponden con el Würm I.

Las temperaturas fueron más bajas que en la actualidad, los niveles de los mares descendieron mientras que empezó a acumularse agua, en forma de hielo, en los casquetes polares y macizos montañosos. Empezaron a abrirse claros en los bosques europeos que favorecieron las manadas de herbívoros tales como los ciervos y los caballos.

Los neandertales, en Europa, cazaban principalmente: ciervo, *Bos*/bisonte, caballo.

De esta época datan los hallazgos de numerosos *sapiens* modernos en África y Próximo Oriente. Los neandertales también estaban presentes en esta última región.

-Fases isotópicas 4-3 (entre alrededor de 75000 y unos 32000 a.A.P.): fresco/glacial. Con estos dos episodios quedan incluidos el Würm II, y el comienzo del Würm III.

Siguieron descendiendo las temperaturas y los niveles de los mares. La cubierta arbórea se redujo dramáticamente en las latitudes más nórdicas, la tundra avanzó hacia el Sur, y el clima fue más seco.

Entre hace 70 y 60000 años, tuvo lugar un glacial máximo (episodio 4); después se dio cierta mejoría, un clima más húmedo (episodio 3), y volvió a empeorar a partir de hace unos 50000 años. Alrededor de 40000 y 32000 a.A.P., acaecieron dos mejoras climáticas que fueron seguidas por el casi continuado declive que condujo al siguiente glacial máximo de la fase 2.

De esta época datan los neandertales clásicos europeos, y la llegada de los *sapiens* modernos a Europa y a Australia.

Los hombres de Neandertal cazaban, principalmente, el reno, el ciervo y el caballo en Francia, caballo, *Bos*/bisonte y rinoceronte lanudo en Europa central.

-Fase isotópica 2 (entre unos 32000 y 10000 años A.P.): glacial.

Parte del Würm III y el IV, se incluirán en esta etapa.

A partir de hace unos 32000 años, los climas nórdicos empeoraron notablemente. Durante esta época aumentó la aridez que se constata por las acumulaciones de loess (en China, Asia central, Europa central y oriental) que indican la reducción de la capa vegetal en muchos lugares. Las selvas tropicales de la Amazonía, del Sureste asiático y de África se redujeron y la sabana se expandió.

El máximo glacial se dio en el entorno de hace 20-18000 años, era el episodio isotópico 2.

El descenso de los niveles de los mares provocó que la plataforma continental quedara al descubierto en numerosos lugares: lo que hoy es el estrecho de Bering fue el paleocontinente Beringia, una amplia franja de tierra que unía el Noreste de Asia con Alaska; también se podía pasar a pie al archipiélago japonés; en el Sureste asiático, la plataforma continental de Sunda formó un enorme subcontinente, y Nueva Guinea, Australia y Tasmania constituyeron el supercontinente de Sahul; el Sur de Inglaterra, libre de glaciares, estaba unido a lo que hoy es Europa. Alemania y el Sur de Inglaterra solamente se poblaban de modo intermitente.

En Eurasia occidental, los seres humanos modernos del Paleolítico Superior cazaban el reno y el caballo principalmente, y en las estepas, el caballo, el bisonte, el mamut y, también, el buey almizclero.

Hacia 12000 a.A.P., empezó una secuencia, de alrededor de 1000 años, que se denomina Alleröd y que se caracterizó por un clima húmedo. El bosque de pinos y abedules progresó por vastos territorios de Europa, el álamo y el sauce en los lugares más húmedos. Estos lugares boscosos estaban poblados de alces, ciervos, uros, jabalíes, castores y, ocasionalmente, de corzos, íbices, gamuzas, tejones y caballos. El mamut y el rinoceronte lanudo desaparecieron. Representó el comienzo del Mesolítico.

Un último episodio frío (Dryas III), de unos 800 años de duración (11-10200 a.A.P.), sucedió al Alleröd y dio fin al Pleistoceno Superior.

Los *sapiens* modernos poblaron el Nuevo Mundo durante la fase isotópica 2.

-Fase isotópica 1 (10000 a.A.P.): Holoceno. Empezó, con la subida de las temperaturas del Preboreal, una época postglacial, el interglacial presente.

Probablemente, desde finales de los años 80, el tema más debatido y controvertido, en Antropología Biológica, sea el de la aparición de *Homo sapiens* moderno, y su relación con las poblaciones anteriores. La cuestión ha levantado y levanta las más vivas polémicas y los autores se encuentran profundamente divididos al respecto, incluso la prensa se ha hecho eco de las diferentes teorías en numerosas ocasiones. Teniendo en cuenta esta situación, para todo lo que se refiere a la Antropología genética y a los conceptos de evolución por anagénesis o por cladogénesis, de equilibrio puntuado, etc., remitiré al lector, si le apetece indagar en estos temas, a mis "Conversaciones con Clío…" (Souich, 2006) y eliminaré toda esta parte en la presente versión de "*H. sapiens*"; Sólo recordaré las posiciones irreconciliables que existen entre la teoría que concibe a *H. sapiens* moderno como una nueva especie, surgida en África y que no pudo mezclarse con los humanos arcaicos de los demás lugares del mundo, y la teoría multirregional y policentrista estricta.

Si bien la mayoría de los investigadores no ponen en duda la secuencia evolutiva gradual y progresiva que dio lugar al hombre de Neandertal (Tillier, 1988, etc.), en Eurasia occidental, no ocurre lo mismo respecto al modo evolutivo que siguió el género *Homo*, en otros lugares del Viejo Mundo, para originar *H. sapiens* moderno.

Por falta de espacio no es posible discutir estas teorías, no obstante, en opinión de muchos antropólogos y biólogos, no parece que se pueda detectar estasis (ausencia de evolución) en el registro fósil del género *Homo* (Ferembach, 1986, etc.), tampoco saltos evolutivos bruscos. Si se toman en cuenta, por ejemplo, el aumento de la capacidad craneana, la gracilización del esqueleto poscraneal, las disminuciones del macizo facial y del tamaño de los dientes, estos procesos evolutivos parecen claramente haber tenido lugar de un modo gradual y de manera generalizada en el registro fósil del que se dispone hoy. Cualquier estudiante podría ordenar correctamente 25 cráneos de homínidos con unos pocos elementos morfológicos sencillos de referencia como, por ejemplo, capacidad craneana, inclinación del frontal, forma y desarrollo de los arcos supraorbitarios, tamaño y proyección del macizo facial, tamaño de los dientes, forma de la sínfisis mandibular.

El autor de estas líneas considera que no es tan importante la cuestión de dónde aparecieron los primeros hombres modernos, dado que todos los alelos o combinaciones alélicas ventajosas, - que se tradujeron en la verticalización de la frente, gracilización general del esqueleto, aparición del mentón, etc.-, no tienen por qué haber surgido en un mismo lugar (las mutaciones se dan al azar y son imprevisibles, las recombinaciones alélicas también), aunque sus consecuencias fueran acumulativas, pudieron originarse en regiones muy distantes y difundirse luego, por ser adaptativas la mayoría, por todo el Viejo Mundo en 10 o 20000 años, de tal manera que los caracteres morfológicos que definen a *H. sapiens sapiens* pertenecen a la humanidad entera.

Otra cuestión que debe señalarse es que los rasgos morfológicos no parecen evolucionar todos a la vez, lo hacen en mosaico: mezclas de caracteres arcaicos y modernos (Mayr, 1968; Young, 1976; Ferembach, 1986; Smith y col., 1989; Relethford, 1990; Bräuer, 1991; Wolpoff, 1991; Lewin, 1994, etc.). Los mosaicos hablan en favor de evolución gradual y progresiva y permiten pensar en la existencia de flujo genético entre los grupos de homínidos.

Si examinamos los restos fósiles de los homínidos (*H. sapiens* arcaicos u *H. erectus* progresivos) Africanos o asiáticos que vivieron hace alrededor de 200000 años o más: Salé (Marruecos: mujer?, 930-960 cc), Bodo (Etiopía), Ndutu (Tanzania: mujer, 1055 cc), Eyasi 1 (Tanzania: 1285 cc), Broken Hill o Kabwe 1 (Zambia: 1280 cc), Elandsfontein, Hopefield o Saldanha (República de Sudáfrica: 1200 cc), o de la cueva de Zhoukoudian, Dali (1120 cc), Hexian (1025 cc), Jinniushan (1300 cc) en China, y los homínidos de Ngandong o Solo (Java: 12 individuos, 1035-1255 cc), de cronología dudosa, se pueden observar mosaicos de caracteres arcaicos (de *H. erectus*) y modernos, donde los primeros son más abundantes.

Pero cuando estudiamos el registro fósil fechado hoy en menos de 200000 años A.P. (fase isotópica 6 y parte de la 5), de los inmediatos antecesores de los *sapiens sapiens* precoces, siguen presentándose mosaicos donde los rasgos que anuncian a los humanos modernos son más numerosos: Jebel Irhoud 1 y 2 (Marruecos: 1305 y 1430 cc; con mezclas de rasgos modernos y neandertales -Aguirre, 1995), Omo Kibish 2 (Etiopía: 1435 cc), Eliye Springs (Kenia: 1350 cc), Ngaloba o Laetoli H 18 (Tanzania: 1367 cc), Florisbad (República de Sudáfrica: más de 1350 cc), Zuttiyeh en Israel, Narmada del Pleistoceno Medio en la India (de gran capacidad craneana), y Maba en China. La capacidad craneana es mayor, el macizo facial es más corto y menos prominente, los relieves óseos del cráneo y la cara están menos marcados, etc.

Los homínidos, representados por todos los cráneos que acaban de mencionarse, exhiben, además, significativas diferencias geográficas en sus morfologías, que hablan en favor de que el género *Homo* era, en aquellas épocas igual que hoy, una especie politípica. Muchos autores están de acuerdo en que estas variaciones detectadas no son suficientemente importantes como para hablar de diferencias a nivel de especie, únicamente subespecíficas. Esta diversidad morfológica geográfica, esta variabilidad -el politipismo- también puede observarse en los registros fósiles de los neandertales y de los *sapiens sapiens*.

En Europa también se observan mosaicos de caracteres, pero en esta ocasión anuncian a *H. sapiens neanderthalensis*.

2. *Homo sapiens neanderthalensis*. Rasgos morfológicos y variabilidad.

La mayoría de los antropólogos están de acuerdo en que hace 250 o 200000 años, en Europa, ya estaban presentes tanto la fisonomía general que caracterizó a los neandertales –que ya se había iniciado en los restos humanos de la Sima de los Huesos (Atapuerca, España)- como la tradición cultural del Musteriense.

Cráneos como los de Petralona (Grecia: 1210 cc), Steinheim (Alemania: 1100 cc), Swanscombe (Inglaterra: 1250 cc) Biache-Saint-Vaast (Francia) se sitúan, cronológicamente, alrededor de las fechas que acaban de mencionarse. Los restos europeos de *H. sapiens* arcaicos van exhibiendo, cada vez más claramente, rasgos que anuncian a *Homo sapiens neanderthalensis*.

Con dataciones que los colocan alrededor del periodo interglacial Riss/Würm, dos cráneos italianos, uno femenino y otro masculino, Saccopastore 1 (1258 cc) y 2 (1300 cc), reúnen bastantes rasgos morfológicos de los que caracterizaron a los hombres de Neandertal clásicos. Tradicionalmente, se situaba en esta misma época el cráneo de Ehringsdorf (Alemania: 1450 cc) pero, recientemente, se le ha dado una antigüedad de 230000 años (por el método de U series), sin embargo, dada su gran capacidad craneana y varios rasgos progresivos más, se le mantendrá en su datación tradicional mientras no se confirme totalmente la nueva.

Estos cráneos podrían considerarse como pertenecientes a neandertales tempranos. Se asiste pues, en Eurasia occidental, a una evolución muy particular de *H. sapiens* arcaico en una región también singular.

La evolución del género *Homo*, en Europa, hacia *H. sapiens neanderthalensis*, se ve ilustrada por una rica secuencia de fósiles que habla en favor de la teoría gradual de la evolución, tal como ya la imaginó Charles Darwin en el siglo XIX.

Se observan, en los cráneos de los *H. sapiens* arcaicos, el gradual y continuado aumento de la capacidad craneana y mosaicos (mezclas) de caracteres ancestrales y neandertalenses (Tillier, 1988), estos últimos cada vez más claramente dibujados a medida que pasan los milenios. Había espacio retromolar en alguna de las mandíbulas de Atapuerca (Burgos, España) hace más de 300000 años; la fosa suprainíaca ya estaba presente en el cráneo femenino (?) de Swanscombe; los arcos supraorbitarios del cráneo de Petralona tienen la forma de dos arcos sobre las órbitas, un diseño muy parecido al de los neandertales, etc.

El periodo entre hace unos 115 y 30000 años es el de los neandertales clásicos, que se encuentran desde España (Gibraltar, Zafarraya, Carigüela, Cueva del Sidrón, Cova Negra, Cova del Gegant, Banyoles), Francia (La Chaise, La Chapelle-aux-Saints, La Ferrassie, La Quina, Le Moustier, Saint-Césaire), Bélgica (Engis, Spy), Alemania (el epónimo del valle de Neander), Italia (Cueva Guattari-Monte Circeo), Croacia (Krapina, Vindija), República Checa (Sipka, Kulna), Eslovaquia (Ganovce), Hungría (Subalyuk), Ucrania (Kiik-Koba), Israel (Tabun, Amud, Kebara), Irak (Shanidar), hasta Uzbekistán, al este del Mar Caspio (Teshik-Tash), por señalar algunos; sin embargo, la mayoría de los países europeos al sur del paralelo 50 han dado restos antropológicos atribuidos a neandertales.

Es importante indicar que, si se tienen en cuenta los modernos métodos de datación, había neandertales en el Próximo Oriente, hace más de 100000 años (Tabun, Israel).

Durante un tiempo, se habló de una fase evolutiva neandertalense que abarcaba todo el Viejo Mundo, hoy no se ve así porque los rasgos definitorios del hombre de Neandertal no se encuentran más que en Eurasia occidental. Tampoco se consideran neandertales los fósiles hallados en estratos musterienses del Norte de África.

Los neandertales, actualmente, son conocidos gracias a muchos elementos del esqueleto atribuidos a más de 200 individuos.

Para la mayoría de los autores, los neandertales son una variedad geográfica resultante de *H. sapiens* arcaico, *H. sapiens neanderthalensis*; para otros, constituyen una especie aparte, *H. neanderthalensis*, explicada por largo aislamiento genético.

El cráneo neandertalense es largo pero bajo, la frente es huidiza, la capacidad craneana media es grande, alrededor de 1500 cc, con variaciones entre 1200 y 1740 cc, mayor que el promedio actual (1350-1400 cc). El estudio de los moldes endocraneanos muestra una morfología algo distinta de la del ser humano moderno, pero que no permite juzgar sobre sus capacidades mentales. El tamaño grande del cerebro neandertalense puede ser debido a su gran musculatura, o a una adaptación al frío: las poblaciones que viven en latitudes frías tienden a tener mayores cuerpos y cráneos para favorecer la conservación del calor corporal; u otras razones desconocidas.

El *torus* supraorbitario de hueso compacto de *H. erectus*, forma ahora dos arcadas muy marcadas sobre las órbitas, que están aligeradas por los senos frontales; la glabela sobresale de tal manera que los arcos supraorbitarios quedan unidos y proyectados por encima de las órbitas.

Otras características del cráneo neandertalense son, norma posterior bombiforme, prominencia del occipital (el "chignon" de los antropólogos), crestas nucales muy suavizadas, presencia de fosa suprainíaca, apófisis mastoides pequeñas, pero crestas occipitomastoideas pronunciadas.

La cara neandertalense se caracteriza por su altura, su prognatismo facial total, más aparente que real cuando se traduce en cifras, por presentar apófisis orbitarias laterales retiradas hacia atrás en relación al nasion, tener los malares huidizos (no frontalizados), carecer de fosa canina (el proceso máxilomalar no está incurvado ni retraído) a causa de sus grandes senos maxilares; nariz ancha y prominente. Todos estos rasgos hacen que se hable de la proyección de la cara del hombre de Neandertal.

Las fuertes dimensiones de los incisivos y el frecuente taurodontismo de los molares llaman la atención en la dentadura neandertalense.

La mandíbula es robusta, carece de las prominencias mentonianas modernas, o éstas tienen muy poco desarrollo, hay espacio retromolar; el foramen mandibular suele ser oval, característica que puede encontrarse, en pequeños porcentajes, en poblaciones europeas muy recientes; el foramen mentoniano suele estar situado debajo del primer molar, y puede haber más de uno.

Otros rasgos neandertalenses son, la mayor longitud y el aspecto grácil de la rama ascendente del pubis, y la predominancia del surco dorsal en el borde axilar de la escápula.

Se estima su estatura en algo más de 165 cm para el hombre, y 9 o 10 cm menos en la mujer, variando entre 148 y 179 cm, los dos sexos incluidos. Los hombres de Neandertal tenían, al parecer, un aspecto compacto, rechoncho y robusto. Las fuertes inserciones musculares no dejan lugar a dudas respecto a lo último. La cortical de los huesos largos tiene mayor espesor que en el hombre moderno.

Los fósiles encontrados en el Próximo Oriente traducen la morfología neandertalense, pero con rasgos menos acusados que los neandertales clásicos europeos. Parece que los hombres de Neandertal mediterráneos eran algo más gráciles, aunque hacen falta más hallazgos procedentes de estas regiones para confirmarlo. Parece claro, por lo tanto, que las poblaciones neandertalenses eran politípicas.

3. Género de vida y cultura neandertalenses. El problema de su extinción.

Los hombres de Neandertal eran cazadores y recolectores como sus antecesores; fueron perfectamente capaces de sobrevivir en condiciones muy duras como las que se dieron durante la primera mitad de la glaciación del Würm.

La caza, el tipo de animal cazado dependía de la estación, del medio en el cual el neandertal se movía, de la fase climática del momento, etc. No era lo mismo en la estepa continental fría (bisonte, mamut, rinoceronte lanudo, caballo), que en el bosque subártico o taiga (reno, buey almizclero, alce, oso), o en el bosque caducifolio (ciervo, uro, caballo, oso, jabalí). Es muy posible que el carroñeo no fuera desdeñado, especialmente de animales grandes.

De un modo general, las presas solían ser de talla media o pequeña, pero ocasionalmente eran grandes (bóvidos, por ejemplo); a veces se dedicaban a una especie determinada (renos, mamuts, etc.), testimoniando cierto grado de especialización en la caza.

En Francia, por ejemplo, los animales más frecuentemente cazados eran los équidos, cérvidos, cápridos, antílopes, suidos, conejos y liebres. Más raramente se dedicaban a los bóvidos, elefantes, rinocerontes; los carnívoros eran cazados, de vez en cuando, se piensa que por sus pieles.

Para la caza utilizaban picas, armas arrojadizas, fosas trampa, fuegos de maleza, redes (?), etc.

En la región Cantábrica (España), las especies más frecuentemente depredadas eran los équidos, los bóvidos, los cérvidos y los cápridos; en Polonia, caballo, reno, bisonte, rinoceronte lanudo; en Rumania, el mamut.

Respecto a la recolección, las pruebas directas faltan, sin embargo es muy probable que los productos de origen vegetal (frutos, bayas, nueces, raíces, setas, etc.) han tenido un papel importante en la alimentación de los neandertales, véase preponderante en las épocas menos frías, parecido a lo que representa la recolección entre los cazadores recolectores actuales (más del 70% entre los bosquimanos), exceptuando a los pueblos árticos. También puede suponerse que no se descuidó la recolección de productos ricos en proteínas, u otros elementos vitales, tales como los huevos, los moluscos terrestres, los insectos, orugas, miel, etc.

Dentro del Paleolítico Medio se distinguen dos principales tradiciones o conjuntos de industrias de la piedra, muy parecidas, la Edad de la Piedra Media (Middle Stone Age) y el Musteriense. La primera da nombre a los complejos del África subsahariana y la segunda se encuentra alrededor de la Cuenca Mediterránea, Europa, Próximo Oriente y norte de África. Se han recuperado muy pocos de los útiles fabricados con materiales perecederos, pero se sabe que la madera se utilizó desde los tiempos más antiguos. Durante el Paleolítico Medio se usó poco el hueso, el marfil o el asta.

Teniendo en cuenta que, entre 250 y 200000 años A.P., empiezan a disminuir en número las hachas de mano, los grandes bifaces del Achelense, y que se va afirmando la presencia de la técnica de Levallois, éstas serán las referencias para el comienzo del Paleolítico Medio. Este estaba firmemente establecido hace unos 200000 años.

La técnica de Levallois exigía que la lasca que se quería obtener de un núcleo estuviera prefigurada en la mente del tallador. Para obtener el útil predeterminado se tenía que preparar el núcleo para luego separar la pieza de un solo golpe. La lasca así conseguida podía utilizarse inmediatamente o retocarse. El método era muy versátil y se obtenía un mejor rendimiento de la materia lítica, se conseguía mayor longitud de filo cortante que durante el Achelense (técnica bifacial) para igual cantidad de materia prima (principalmente sílex).

Con esta técnica también se obtuvieron algunas hojas (la hoja se diferencia de la lasca en que ha de ser el doble de larga que ancha) durante el Paleolítico Medio, pero la presencia de hojas será la señal de identidad de las industrias del Paleolítico Superior.

François Bordes distinguía 63 tipos de herramientas en el Musteriense; no siempre se utilizaba la técnica Levallois. Algunos tipos de útiles reciben los nombres de raspadores, denticulados, puntas, cuchillos, raederas. La punta triangular de Levallois pudo muy bien haber sido enmangada.

Las excavaciones arqueológicas, en Israel, demuestran claramente que la tecnología musteriense de la piedra no fue patrimonio único de los neandertales, también fue compartida por los primeros hombres modernos (de los yacimientos de Qafzeh y Skhul).

En Europa occidental, el Musteriense duró hasta hace 40 o 30000 años. En Europa oriental, en el Próximo Oriente y en África subsahariana (Later Stone Age), el Paleolítico Superior empezó a afirmarse hace alrededor de 40000 años.

Al final del Paleolítico Medio, en Europa, se presentan algunas culturas que se han llamado de transición: el Chatelperroniense (Francia), el Szeletiense (Europa central), el Uluzziense (Italia) y, probablemente, el complejo Sungir-Kostenki I, 5 (Rusia).

El neandertal de Saint-Césaire (Francia: 35-31000 a.A.P.) se descubrió en un nivel chatelperroniense donde aparecen, hojas, adornos personales de hueso y de piedra, y decoraciones muy simples de incisiones sobre hueso. ¿Se trataba de un fenómeno independiente –opinión que va ganando adeptos-, o ligado a una aculturación procedente del Auriñaciense, la cultura de los *sapiens* modernos? Es difícil pronunciarse, pero todo parece indicar que los neandertales y los *sapiens sapiens* coexistieron en Europa durante unos 5000 años si tenemos en cuenta que una datación de la mandíbula de Zafarraya (España) es de 30000 a.A.P.

Las principales estructuras de hábitat descritas acerca de los yacimientos del Paleolítico Medio, ya eran conocidas desde el Paleolítico Inferior (agujeros de postes, alineamientos de bloques, murillos, enlosados, empedrados, hogares), pero se generalizaron entre los hombres de Neandertal.

Los neandertales se disputaron las cuevas con los osos de las cavernas y los osos pardos para habitarlas, también utilizaron los abrigos rocosos. Cuando no disponían de cuevas o abrigos, construían campamentos al aire libre. Estos se han clasificado en campamentos base donde la comida era preparada y consumida, y donde se manufacturaban o reparaban las herramientas; campamentos de trabajo donde se obtenían los alimentos y las materias primas. Los campamentos solían ser estacionales.

A modo de ejemplos se pueden citar: el murete de bloques de caliza de Cueva Morín (Cantabria, España), el suelo parcialmente enlosado de La Ferrassie (Francia) y las chozas fabricadas con defensas de mamut y ramas en Rumania y Ucrania (Molodova).

En Francia, los hogares se hacen numerosos a partir del Riss (fase isotópica 6), desde principios del Würm (final de la fase isotópica 5 y principios de la 4) los hogares son la regla en los yacimientos excavados. Durante la época anterior, el fuego era solamente para cocinar, pero el hogar ya disponía de murillo o cubeta (Terra Amata, Francia); el uso del fuego para endurecer la madera parece datar del Riss/Würm.

La caza en grupo organizado y los campamentos atestiguan que el hombre de Neandertal desarrollaba una vida social.

Son muchos los autores que piensan que los neandertales eran capaces de una conducta simbólica. Se basan en varios elementos culturales: adornos personales, decoración y los rituales relacionados con la muerte.

Respecto a los adornos pertenecientes al Musteriense: uso probable del ocre en la decoración personal, una placa oval, con restos de ocre rojo, tallada en una laminilla de molar de mamut y el numulite fósil con una cruz encima, ambos de Tata (Hungría), el diente taladrado y la falange de reno perforada de La Quina, y el fragmento perforado de hueso de Pech de l'Azé, en Francia. No es cierto que no existieran colgantes antes del Paleolítico Superior.

También existen algunos testimonios escasos de decoración incisa simple, anteriores al Chatelperroniense: los trazos hechos sobre un hueso de la Cueva Morín, un hueso con líneas paralelas de La Ferrassie, el fragmento de costilla con trazos del Achelense final de Pech de l'Azé, huesos con incisiones de Kebara (Israel).

Las sepulturas atestiguadas se extienden desde Francia hasta Israel, Irak y Uzbekistán. Los rituales relacionados con la muerte, además de las inhumaciones, incluyen sospechas de descarnamiento (por ejemplo en Krapina, Croacia), de enterramientos en dos tiempos (Kebara), de culto al cráneo (Cueva Guattari de Monte Circeo, Italia), y de canibalismo.

Todas estas posibles prácticas son mucho menos abundantes que las inhumaciones, que consistían, normalmente, o bien en una distribución particular del yacimiento con fosas, montículos, enlosados (La Ferrassie, Regourdou, La Chapelle-aux-Saints), o bien en la presencia de ofrendas (Teshik-Tash, Kiik-Koba, Regourdou, La Ferrassie, La Chapelle). En La Chapelle, ocre rojo y la pata de un bisonte se hallaban junto al esqueleto; en La Ferrassie, se halló a un niño enterrado en un área donde había cinco sepulturas más, estaba cubierto por un bloque de caliza con marcas intencionales sobre la piedra; en Shanidar (Irak), es famoso el enterramiento de un neandertal sobre un lecho de agujas de pino recubierto de flores.

También se han encontrado testimonios de posibles creencias mágicas relacionadas con el oso, en Francia y Suiza.

Tampoco se pueden olvidar las pruebas de que la sociedad neandertalense cuidaba de los más viejos y de los impedidos: restos esqueléticos que llevan las señales de graves problemas patológicos, algunos individuos mayores habían perdido sus dientes, muchos tenían artritis y artrosis diversas, uno había perdido parte de un brazo. Por las consolidaciones de sus fracturas o las cicatrizaciones de sus infecciones, se sabe que sobrevivieron y se tiene que suponer que fueron asistidos.

La cuestión de si eran capaces de hablar, de tener un lenguaje o no, ha sido ampliamente discutida, y los autores se encuentran divididos sobre este aspecto, pero parece que hay que admitir que existen más argumentos en favor de que, al menos, poseyeron un protolenguaje.

No puede olvidarse que poco antes de entrar en Europa, los *sapiens* modernos, hace menos de 50000 años, éstos y los neandertales todavía compartían la misma cultura, el Musteriense, cosa que habían hecho durante nada menos que unos 40000 años o más. Diez mil años más tarde, los hombres modernos disponían de una ventaja cultural, con el Auriñaciense. Si se reflexiona sobre estos hechos, se deduce que la superioridad intelectual de los *sapiens sapiens* sobre los hombres de Neandertal no podía ser muy grande. Modernamente, se ha asistido a un fenómeno similar; sólo muy recientemente se ha dispuesto de la tecnología necesaria para penetrar en lugares como el norte de Alaska o de Siberia, en las selvas ecuatoriales de África o de América del Sur, sitios todos ellos habitados desde tiempos inmemoriales por pueblos con otras culturas adaptadas a cada una de estas situaciones.

Todos los testimonios repasados atestiguan que el neandertal era portador de una conducta compleja. El hombre de Neandertal no fue aquel bruto que se describió a principios de este siglo, hoy no se puede dudar a este respecto y, en 1993, Yves Coppens lo declaró el europeo por excelencia.

Sin embargo, no se han encontrado neandertales después de hace 28 o 30000 años, no se conocen las causas de su desaparición. Hay autores que consideran que se mezclaron intensamente con los *sapiens* modernos (defendiéndose diversos grados de continuidad local); otros investigadores estiman que fueron arrinconados lentamente y exterminados por los auriñacienses (los autores que sostienen más radicalmente que eran dos especies); se ha hablado de epidemias, etc. El hecho es que, en Europa, *H. sapiens neanderthalensis* y *H. sapiens sapiens* coexistieron durante más de 5000 años, o 50 siglos, unas 250 generaciones, y es posible que unas tasas algo superiores de mortalidad e inferiores de fecundidad, junto con algún grado, difícil de cuantificar, de asimilación genética por parte de las poblaciones modernas explique, en parte, su desaparición.

4. *Homo sapiens sapiens*. Caracteres morfológicos y variabilidad intergrupal.

Si se tienen en cuenta las modernas dataciones, los primeros *Homo sapiens* modernos aparecieron hace algo menos de 200 mil años (?) en África, su presencia está atestiguada por los restos antropológicos de Omo Kibish 1 (Etiopía), Herto (Etiopía), Jebel Irhoud 1 y 2 (Marruecos), Singa (Sudán) Klasies River Mouth y Border Cave (República de Sudáfrica), y Qafzeh y Skhul (Israel); son, sin embargo, ejemplares con rasgos más o menos modernos/arcaicos y datos cronológicos muy dispares.

Las dataciones de los fósiles africanos son muy discutidas; se encuentran, sin embargo, en niveles arqueológicos de la Edad de la Piedra Media (Middle Stone Age).

El mejor conjunto de *H. sapiens sapiens* precoces es, sin duda, el formado por los restos de Qafzeh y Skhul (24: 13 adultos y 11 individuos inmaduros; Tillier, 1989) hallados en niveles del Musteriense de Israel (entre 130 y 100000 a.A.P.).

Es difícil asegurar si coexistieron o no, en Israel, los neandertales y los *sapiens* modernos, pero lo que es seguro es que ambos vivieron inmersos en la tradición cultural Musteriense, y que las dos poblaciones enterraban a sus muertos.

Para algunos antropólogos, los individuos 4, 5 y 9 de Skhul, y Qafzeh 6, presentan algunos rasgos de los que caracterizan a los neandertales (Corruccini, 1992, Howells, 1993, etc.). ¿Se hibridaron las dos poblaciones? Si la respuesta fuera afirmativa, quedaría probado que los hombres de Neandertal no eran una especie distinta. En todo caso, las poblaciones representadas por Qafzeh y Skhul muestran notable variedad de tipos morfológicos, politipismo que demuestra gran variabilidad intra e interpoblacional.

También muy antiguos serían los restos de Dar es-Soltan (Marruecos) hallados en un contexto arqueológico ateriense (industria derivada del Musteriense) y el cráneo de Liujiang (China: 139 - 111000 a.A.P.?).

Mucho más recientes, hace entre 47 y 7000 años, del Norte de África, se tienen que mencionar los conjuntos antropológicos, cada vez más modernos, de Haua Fteah (Libia), Temara y Taforalt en Marruecos, Tamar Hat, Columnata, Mechta el-Arbi y Afalou-bou-Rhummel en Argelia.

Pertenecientes a niveles arqueológicos con industrias de la Edad de la Piedra Tardía (Later Stone Age) de África subsahariana, que se corresponde con el Paleolítico superior de Europa, con menos de 40000 años, se citarán los restos de *H. sapiens sapiens* de: Fish Hoek, Boskop, Tuinplaas o Springbok Flats en la República de Sudáfrica, y Lukenya Hill en Kenia.

También con menos de 40 mil años, los restos de Uttar Pradesh de India, Zhoukoudian (cueva superior) y Shiyu de China, Yamashita y Minatogawa del archipiélago japonés. La mayoría de los antropólogos asiáticos son partidarios de la teoría de la continuidad local.

En Asia suroriental se tienen los cráneos de la cueva de Niah (Borneo Sarawak: 40000 a.A.P.), Tabon (isla de Palawan, Filipinas: 26-23000 a.A.P.), Wajak (Java: menos de 10000 a.A.P.). En Australia: Lake Mungo (unos 40000 a.A.P.), Willandra Lakes (34-24000 a.A.P.), Kow Swamp (22-19000 a.A.P.), Keilor (12000 a.A.P.), etc.; con algunos individuos muy robustos. Los arqueólogos piensan que los paleoaustralianos llegaron a su tierra hace 50000 años o más, por las industrias encontradas (bastante rudimentarias si se las compara con las del Paleolítico Superior europeo, por ejemplo). Para esta región, todas las discusiones están centradas en probar o refutar la teoría de la continuidad local, desde los hombres de Ngandong (Java) hasta los aborígenes australianos.

El objetivo de estas largas listas, forzosamente resumidas, de yacimientos y hallazgos antropológicos, es únicamente él de servir de referencias para el lector.

Muchos autores están hoy de acuerdo en que el Nuevo Mundo fue poblado en sucesivas oleadas de grupos humanos procedentes de Asia oriental, hace entre 19 y 16000 años, o entre 22 y 18 mil años A.P. Los paleoamerindios ya ocupaban todo el continente americano hace 11000 años.

En Europa, cabe citar los fragmentos de Bacho-Kiro (Bulgaria), de 43-39 mil años y de dudosa atribución a *H. sapiens sapiens*, la bóveda craneal de la isla de Creta, de cronología poco segura (63-39000 a.A.P.?), como los restos más antiguos. La entrada de los *sapiens sapiens* aparenta coincidir con la difusión del Auriñaciense (Paleolítico Superior) por Europa; esta tecnocultura tiene un origen muy discutido y las teorías son muy dispares, unos dicen que procede del Este y otros, de un modo matizado, lo consideran europeo. En mi opinión, los europeos del Paleolítico Superior procedían de las estepas asiáticas y del Este de Europa.

Si los análisis son correctos, se tienen restos óseos de humanos modernos, en Europa oriental y occidental, desde hace unos 36-35000 años, en yacimientos como Pestera cu Oase (Cárpatos, sudoeste de Rumania, 35-34 mil a.A.P.), Mladec (República Checa: 31000 a.) y las mandíbulas de Les Rois (Francia, 35-32 mil a.). En Francia, en 1868, se excavó el célebre abrigo de Cro-Magnon (Les Eyzies, Dordoña), donde se encontraron los enterramientos auriñacienses de tres varones, una mujer y un recién nacido, que hoy se fechan en unos 28000 años (30-25 mil a.); la descripción del cráneo de Cro-Magnon 1, "el viejo", ha dado nombre a un tipo morfológico frecuente durante el Paleolítico Superior europeo y norteafricano.

Un poco más recientes, en estratos del Gravetiense oriental, son famosos los restos de Predmostí (26000 a.A.P.), con 29 individuos, y Brno (25000 a.) de la República Checa. También son célebres los hallazgos de Sungir (al este de Moscú) con sus dos sepulturas (una de ellas doble), y de Kostenki (Rusia: 25000 a.A.P.). Sobre la frontera francoitaliana se deben citar las cuevas de Grimaldi (desde el Auriñaciense), y en Italia, Arene Candide (19000 a.A.P.), Paglicci (25-23000 a.), Romanelli, San Teodoro (Sicilia: Würm IV).

De España se pueden mencionar, Camargo, El Pendo, El Castillo, Parpalló, Barranc Blanc, Carigüela, Nerja, pero los restos son fragmentarios.

Bastantes autores creen ver algunos rasgos neadertalenses en cráneos y otros restos europeos: Mladec 5 y 6, Predmostí 3, Brno 2, Dolni Vestonice 3 (R. Checa), Lagar Velho (Portugal) y otros (Aguirre, 1995; Bräuer, 1989; Stringer 1989 y 1992; Wolpoff, 1989, etc.). La explicación que se da suele ser la hibridación (Aguirre, 1995, etc.).

Morfológicamente, los *sapiens* modernos presentan mayor gracilidad en todo su esqueleto. Si bien la glabela de *H. sapiens* moderno es prominente, lo es mucho menos que en *H. sapiens* arcaico, de tal manera que los dos arcos supraorbitarios no quedan unidos, hay una depresión entre ellos; a lo largo del Paleolítico Superior, estos relieves seguirán suavizándose, no pudiéndose hablar, entonces, más que de arcos superciliares, porque se han ido borrando sus prolongaciones laterales.

La capacidad craneana es grande, la bóveda es más alta, el frontal está más verticalizado, en norma posterior el cráneo tiende a ser domiforme, el occipital está menos abultado (el "chignon" propende a desaparecer), las apófisis mastoides son grandes, se reducen el macizo facial y el prognatismo facial total, el malar es horizontal y hay fosa canina (la expansión malar del maxilar está incurvada).

En la mandíbula desaparece el espacio retromolar y las eminencias mentonianas están bien dibujadas. Las dimensiones de los dientes siguen disminuyendo paulatinamente, a lo largo del Paleolítico Superior, particularmente los dientes anteriores.

El borde axilar de la escápula presenta, generalmente, un surco ventral. La rama superior del pubis es corta.

Estas consideraciones morfológicas, sin embargo, no implican que no fueran más robustos que el hombre actual, ni que la población fuera homogénea. Aunque esta exposición sólo se centre en los restos óseos europeos, la diversidad de tipos es patente. Los habitantes de Europa eran politípicos, la variedad se observa tanto a niveles inter como intrapoblacionales, basta examinar el amplio conjunto de Predmostí, por ejemplo.

Muy frecuentemente se habla del hombre de Cro-Magnon, o de los cromañones, al mencionar a los *sapiens sapiens* europeos, esto se debe a que el esqueleto 1 de Cro-Magnon, "el viejo", fue el primero que se describió. La morfología de este individuo es extrema, pero definió un tipo bastante frecuente durante el Paleolítico Superior europeo (por ejemplo, entre los individuos de Grimaldi) y que se puede rastrear hasta la Edad Media: cráneo largo con cara ancha y baja (es la desarmonía craneofacial característica), órbitas anchas y bajas, prácticamente rectangulares. La estatura de los cromañones solía ser grande (171 cm "el viejo", 177 cm de media en Grimaldi). Además de los cromañones, había muchos otros individuos que poseían cráneos, caras y órbitas altas y/o estaturas medias o bajas. Entre estos amplios límites variaban los humanos modernos del Paleolítico Superior europeo, pero el hombre de Cro-Magnon siempre ha llamado mucho la atención. Ocurrió lo mismo a raíz de la temprana descripción del hombre de La Chapelle-aux-Saints que se constituyó en el tipo definitorio de los neandertales, oscureciendo la variabilidad existente entre Europa occidental y el Próximo Oriente. La fama de los cromañones ha distorsionado la realidad que siempre es diversidad.

Desde Charles Darwin, se sabe que la evolución de cualquier especie de ser vivo, incluyendo *Homo*, se apoya en la diversidad, en la variabilidad. El antropólogo, el paleontólogo o el biólogo que aborde el tema constata esta variedad en las poblaciones que estudia, sean éstas *H. erectus, H. sapiens neanderthalensis*, u *H. sapiens sapiens*.

5. Géneros de vida. Ecología y culturas de *Homo sapiens sapiens*. El mundo de las ideas.

Antes de analizar las realizaciones materiales y artísticas de los *sapiens* modernos en Europa durante cada una de las subdivisiones que se hacen del Paleolítico Superior, se deben mencionar algunas generalidades, que pueden considerarse como un resumen.

Los *sapiens sapiens* fueron cazadores y recolectores como sus antecesores, y la caza también se hacía en grupo. Sin embargo, la vida social iba a ser más sofisticada que en la época anterior.

En Francia, por ejemplo, normalmente cazaban presas de talla media o pequeña, poco peligrosas, a veces el mamut o grandes bóvidos; frecuentemente una especie determinada, reno, caballo, etc. Apareció la caza de pájaros, la pesca; no hay testimonios claros de canibalismo. Utilizaban fosas trampas, trampas varias, la pica, armas arrojadizas, redes, fuegos de maleza, y el arco a partir del Magdaleniense final. Los animales más perseguidos eran los cérvidos, équidos, cápridos, antílopes, suidos, grandes bóvidos, conejo, liebre, pájaros, peces, mamut, osos pardos y de las cavernas y carnívoros (por su piel, principalmente).

Si la lasca, en la talla de la piedra, era la señal de identidad del Musteriense, la hoja lo es del Paleolítico Superior. Las industrias líticas, en este último periodo, exhiben mayor diversidad y definición.

Cabe destacar que, durante el Paleolítico Inferior, la tradición achelense cubrió buena parte del Viejo Mundo (África y Eurasia hasta la India), que durante el Paleolítico Medio se distinguen, la Edad de la Piedra Media (Middle Stone Age) en África subsahariana, y el Musteriense en África del Norte, Europa y Próximo Oriente, pero durante el Paleolítico Superior se asistió a la aparición de mucha más variedad cultural, diversificaciones regionales más marcadas.

El Paleolítico Superior de África subsahariana recibe el nombre de Edad de la Piedra Tardía (Later Stone Age), que como el europeo, arrancó hace unos 40000 años. Asia oriental pareció continuar con las tradiciones que se entroncan en los complejos de *chopper/chopping tools* descritos por Hallam Movius, y con la utilización intensiva de un material perecedero como el bambú, según han sugerido, en diversas ocasiones, Rhys Jones y Geoffrey G. Pope; pero en China, en Corea (Sockchangri) y en algunos otros lugares, también aparecieron las industrias líticas con hojas.

En Europa se utilizaron raspadores, raederas, puntas, buriles, utensilios de hueso, punzones, agujas, cuchillos, puntas de lanza, propulsores, arpones, etc.

Se elaboraron objetos, el arte mobiliario o mueble, para el adorno personal, se decoraron utensilios de uso diario, se tallaron estatuillas, todo de hueso, asta y marfil. Se adornaron los abrigos y las cavernas mediante el grabado y la pintura en Europa (arte rupestre o parietal), África y Australia. Muchos de los motivos tenían un carácter totalmente simbólico. *H. sapiens sapiens* había entrado definitivamente en el mundo de las ideas.

La breve exposición que sigue se centra en Europa (Bosinski, 1990).

-Paleolítico Superior antiguo (entre alrededor de 40000 y unos 32000 a.A.P.).

Ya se ha dicho algo de las culturas de transición, que se corresponden con una fase más templada (interestadial II-III, anterior a la fría del Auriñaciense): el Chatelperroniense (o Perigordiense I) de Europa occidental, el Szeletiense (Europa central), el Uluzziense (Italia) y el complejo Sungir-Kostenki I, 5 (Europa oriental), que traducen la evolución cultural desde el Paleolítico Medio al Superior, ya que nunca están interestratificadas con el Musteriense (Gerhard Bosinski es un investigador partidario de la teoría de la continuidad local). Aparecieron las hojas, los buriles sobre hojas, el uso del hueso para elaborar útiles (punzones, agujas, etc.), los adornos personales se generalizaron (colgantes de hueso, dientes de animales, etc.), la decoración, la presencia intensa de ocre rojo en las tumbas, etc.

Del Chatelperroniense se conoce una choza en la Grotte du Renne (Arcy-sur-Cure, Francia). Se trataba de una estructura redonda construida mediante defensas de mamut, había un enlosado en el interior y dos hogares. El útil característico se denomina punta de Châtelperron.

En Sungir, se excavaron tres concentraciones circulares, separadas, de 20 m de diámetro, en ellas había pequeñas fosas (de uso incierto), hogares, útiles líticos y de hueso, restos de fauna, ocre rojo y objetos de adorno. En las tumbas, ya mencionadas, los muertos estaban recubiertos con ocre rojo, y adornados de conchas, dientes de animales y perlas de marfil. En la tumba 1, se supone que el difunto estaba vestido de un tipo de anorak, pantalones, zapatillas, y su caperuza estaba suntuosamente adornada; llevaba numerosos collares, aros en los brazos, tobillos y dedos, todo de marfil. Se han encontrado sepulturas parecidas a lo largo de todo el Paleolítico Superior. En la inhumación doble, muy larga, los jóvenes se encontraban extendidos en sentido contrario, tocándose los cráneos; en cada una, una estatuilla de marfil, un mamut y un caballo; a los lados de los esqueletos, unas lanzas de marfil y otras de madera.

El trabajo del hueso, asta y marfil está muy bien atestiguado en Sungir, tanto para el adorno como para herramientas; éstas son unas de las señales caracterizadoras del Paleolítico Superior.

Del Szeletiense de Europa central hay que destacar las puntas foliáceas; se han encontrado estas puntas hasta Inglaterra, en Kent's Cavern, con una datación de 38-28000 a.A.P.

Se sabe de utillajes líticos importados desde lugares muy alejados, ya en el Paleolítico Medio. La novedad es que en este momento, en el Paleolítico Superior, ya no eran solamente los útiles elaborados los que fueron transportados a lo largo de grandes distancias, sino también la materia prima necesaria para su fabricación.

El Auriñaciense se correspondió con una época de clima frío, pero no extremado, de más de 5000 años. Fue un periodo de uniformidad cultural en Europa, no exenta de variaciones regionales. Ya se ha insinuado que el Auriñaciense parece proceder del Este, pero no todos los autores están de acuerdo.

El útil característico es el raspador carenado; otro elemento es la punta en hueso, es probable que sirviera de armadura de lanza de madera. Se empezó a trabajar el asta de reno.

El reno y el caballo eran dominantes, pero también se cazaban el ciervo, bóvidos, bisontes, osos, rinocerontes lanudos y mamuts (los dos últimos, sobre todo en Europa central y oriental).

El hábitat preferido parecía ser la cueva, el abrigo, pero también había campamentos al aire libre. Tiendas, cabañas, chozas; la cueva tenía la función de doble techo. Los suelos de habitación estaban coloreados con polvo de óxido de hierro y excavados los de hábitats al aire libre. Se han encontrado agujeros de postes, y hogares circulares u ovales, ligeramente ahondados en el suelo.

El fuego, durante el Paleolítico Superior, además de la cocina, servía para el pretratamiento del silex, calcinaciones de ocres, enderezamiento del hueso y del marfil, combustión de grasas (lámparas).

En el nivel auriñaciense (hacia 35000 a.A.P.) de Arcy-sur-Cure, las trazas de una tienda circular se prestan, sin ambigüedades, a la hipótesis de una habitación estructurada.

Respecto a las sepulturas, recordar el pequeño "cementerio" de Les Eyzies, Cro-Magnon, donde se recuperaron alrededor de 300 conchas perforadas que provenían del litoral atlántico (a 200 Km.).

El arte auriñaciense está atestiguado, principalmente, por estatuillas de marfil en Europa central, el mamut, carnívoros, el caballo (el caballito de marfil de Vogelherd, Alemania, con unos 32 mil años), el bisonte, eran los animales más reproducidos; o las humanas, como la figurita femenina de esquisto de Galgenberg (Austria). En el suroeste de Europa, destacan representaciones sobre bloques calcáreos. En cuanto a la pintura, los trazos en rojo y en negro también sobre bloques, en La Ferrassie o en el abrigo Blanchard (Francia) y las pinturas de Cueva Fumane (norte de Italia, con 36-32 mil años).

-Paleolítico Superior medio (aproximadamente 32-18000 a.A.P.).

Se reconocen, una fase antigua (32-22000 a.A.P.) y una reciente (22-18000 a.A.P.). Se inició con un episodio más templado, le siguió una fase fría (27-22000 a.A.P.) en la que reinó un clima muy seco del cual dan testimonio las acumulaciones de loess; a continuación, una etapa de frío extremo (22-18000 a.A.P.), que se correspondió con un máximo glacial (episodio isotópico 2).

En Francia, las industrias líticas se clasifican en varias fases del Perigordiense, y en Europa central se habla de Gravetiense o Pavloviense.

Tuvieron lugar unas innovaciones tecnológicas, se mencionarán las puntas de La Font-Robert (Europa occidental), de La Gravette (Europa occidental y central), y del tipo de Kostenki (Europa oriental), destinadas al enmangamiento, mangos de madera (principalmente), hueso, asta, o marfil.

La extracción de varillas de asta de reno, destinadas a la fabricación de azagayas, está atestiguada desde el periodo anterior, ahora se generalizará la técnica. Es posible que los bastones perforados, muchos de ellos ricamente decorados, desempeñaran algún papel en el enderezamiento de estas varillas.

Los propulsores se asocian al lanzamiento de las azagayas, parece que aparecieron durante esta fase, pero eran de madera antes del Magdaleniense.

Se constata cierta expansión demográfica. Aparecen habitaciones bastante grandes, alargadas, para grupos numerosos, ocupadas durante bastante tiempo y repetidas veces, también campamentos de caza estacionales. En el primer caso, las chozas estaban construidas para durar, en el segundo consistían, más bien, en tiendas transportables.

Son famosas las habitaciones alargadas de Europa oriental, una de hasta 950 m^2, con numerosos hogares y fosillas (cuya finalidad es incierta). También había chozas redondas. Señales de campamentos, cerca de cazaderos, se han hallado en diversos lugares, valgan Amvrosievka (Ucrania oriental), con restos de unos mil bisontes, y al pie de la roca de Solutré (Francia), con vestigios de innumerables caballos.

Las sepulturas pertenecientes al Paleolítico Superior medio están en la línea de las encontradas en el Paleolítico Superior antiguo. Los muertos eran inhumados en una capa de ocre, vestidos con sus indumentarias más ricas, adornadas de conchas y dientes de animales.

En Kostenki XV (Rusia), un niño inhumado con un cuchillo de hueso, aguja también de hueso, y útiles. En Dolni Vestonice (República Checa), una sepultura femenina recubierta de huesos de mamut, y una triple, dos jóvenes y, entre ellos, una joven, había ocre rojo sobre los cráneos de los varones y sobre la pelvis de la mujer. Del último país también, en Brno, un varón estaba enterrado con una estatuilla masculina. Del conjunto de Grimaldi (sobre la frontera francoitaliana), la del hombre de Menton. Otras sepulturas colectivas que se pueden mencionar son, Abri Pataud (Francia), una mujer y un niño recién nacido, Grotte des Enfants (Grimaldi), una mujer y un joven, Barma Grande (Grimaldi), un hombre (de 194 cm de estatura), una mujer y un niño. Es famosa la "fosa común" de Predmostí (República Checa), con 8 adultos y 12 subadultos, recubierta de omóplatos de mamut.

Respecto al arte rupestre, citar algunas cuevas, Chauvet (con unos 32 mil años), Pair-non-Pair, La Crèze, La Mouthe, Gargas en Francia, y Kapova en Rusia, con grabados profundos que representan el mamut, el bisonte, el íbice y el caballo; son célebres las manos en negativo, con contornos en rojo y/o negro.

Es muy importante el capítulo de las estatuillas femeninas (las "venus") de marfil o arcilla cocida: Kostenki, Dolni Vestonice, Willendorf (Austria), Brassempouy y Lespugue (Francia), Grimaldi. En Dolni Vestonice se encontró una choza con un horno para la cochura de estas estatuillas de arcilla. El horizonte de las "venus", entre 25 y 22000 a.A.P., se extendió desde el río Don al Atlántico. También las hay de animales.

La fase reciente del Paleolítico Superior medio (22-18000 a.A.P.) se correspondió con el máximo glacial, el casquete glaciar avanzó hacia el Sur; se estima que el glaciar tenía un espesor de 3000 m. en el centro de Escandinavia, y que el nivel del mar estaba a 100-120 m. por debajo del actual. En Francia, parece que se vivía principalmente en abrigos y cuevas. Europa central estaba deshabitada en gran parte. En Europa del Suroeste y del Este, las culturas evolucionaron por separado.

En España y Francia, las puntas solutrenses, desde el punto de vista técnico, representan los útiles más elaborados de todo el Paleolítico Superior.

Son del Solutrense francés los frisos esculpidos en medio relieve, con bóvidos, caballos, etc. Se considera que es en este momento que se generaliza el arte pictórico francocantábrico, con animales cercanos al modelo natural, representaciones humanas extrañas y símbolos enigmáticos.

En Europa del Este se detecta una especialización en la caza del mamut, del que se aprovechaban los huesos y el marfil como materiales de construcción, para obras de arte y útiles; los huesos también servían de combustible; los omóplatos y los huesos de la pelvis se utilizaban para cubrir sepulturas; sus pieles debían servir para recubrir las chozas.

Las habitaciones de este periodo eran generalmente redondas, su parte inferior estaba excavada en el suelo, y tenían un hogar central.

Aparecieron, por primera vez, las agujas con ojo. Seguían elaborándose figuras femeninas; se usaban motivos geométricos en la decoración.

-Paleolítico Superior reciente (18-12000 a.A.P.).

El clima se suavizó durante un largo periodo entrecortado por episodios rigurosos. La inmensa llanura del norte de Europa central y la región meridional de las islas británicas estuvieron habitadas.

En Europa del Este, como consecuencia de evolución cultural local, emergió una civilización original, especializada en la caza del mamut, la de Mezin-Meziric (Ucrania), por referencia a los dos yacimientos epónimos más importantes.

Se conocen poblados con, por lo menos, cinco chozas circulares construidas, en gran parte, con huesos y defensas de mamut.

Cazaban, además, el caballo, el reno, el rinoceronte lanudo, el bisonte y el oso, también el zorro polar, la liebre y pájaros grandes. Hay indicios de la domesticación del lobo, porque los restos de perros estaban, morfológicamente, aún muy cerca de aquél.

Numerosos buriles, perforadores, agujas con ojo, punzones, definían aquellas industrias.

Los motivos decorativos eran todos geométricos. Abundaban las perlas de marfil y de ámbar para el adorno personal. Las estatuillas femeninas estaban muy esquematizadas.

En Europa occidental y central surgió el Magdaleniense, también por evolución de las tradiciones culturales anteriores.

Los cazadores magdalenienses se dedicaban, principalmente, al caballo, y en ciertas regiones, al reno y al íbice.

El Magdaleniense I llama la atención porque los útiles no siempre se fabricaban a partir de hojas, sino que se utilizaban, muchas veces, lascas; las industrias traducen un menor interés por la piedra. Llaman la atención los triángulos microlíticos destinados a ser insertados. Las azagayas de asta de reno caracterizaban también esta fase cultural.

La cueva de Lascaux (Francia) es el yacimiento más importante del Magdaleniense II, con su rico y magnífico arte rupestre.

Entre 17 y 13500 a.A.P., tuvo lugar un episodio frío (Dryas I). Los útiles en hueso y asta de reno singularizaron el Magdaleniense III: azagayas, propulsores. Son célebres las sepulturas de Cap Blanc, Chancelade y Saint-Germain-la-Rivière (Francia). El arte rupestre incluye muchos medio relieves, numerosas representaciones femeninas y masculinas.

Entre hace 15 y 14000 años se repobló Europa central a partir del suroeste europeo, con cazadores magdalenienses.

El bisonte desempeñó un papel importante durante el Magdaleniense IV como lo atestigua, por ejemplo, la célebre y suntuosa cueva de Altamira (España), donde los animales policromos fueron creados con una técnica compleja que comprendía el grabado, la pintura y el raspado.

46

Después de la fase fría, entre 13500 y 12800 a.A.P., se extendieron los territorios habitados, es constatable un fuerte aumento demográfico. Deben destacarse los arpones; apareció la decoración con motivos geométricos (Magdaleniense V). En Dordoña (Francia) se encontraron conchas, para el adorno, procedentes del Mediterráneo. Como referencias, se mencionarán las sepulturas del abrigo de La Madeleine (Francia) y la doble de Oberkassel (Alemania) donde se depositó un perro.

El área de influencia de los cazadores magdalenienses llegó a su máximo entre 12800 y 12400 A.P., desde la Península Ibérica hasta Moravia (República Checa). Los arpones con una hilera dentada alcanzaron su más amplia difusión (Magdaleniense V).

En las llanuras del noroeste de Europa, entre Inglaterra y Polonia, se desarrolló una cultura de cazadores de renos, el Hamburguiense (13-12400 a.A.P.). Su origen estaría en el Magdaleniense IV, y puede ser que inventaran el arco y la flecha.

Se han podido reconstruir unas cabañas circulares grandes en Gönnersdorf (Alemania), por no mencionar más que un yacimiento estacional de Europa central; en Francia, como campamento de caza (reno), se debe citar Pincevent, con estructuras de varias tiendas asimétricas.

El arte rupestre era muy naturalista; también se hacían representaciones humanas. Las estatuillas femeninas, bastante esquematizadas, pertenecen al Centro y Este de Europa.

El Magdaleniense final empezó con el Dryas II, fase fría de apenas 200 años (12400-12200 a.A.P.), que se dejó sentir, principalmente, en el norte de Europa. Más que el caballo, se cazaban el reno y el íbice.

Hay indicios de que llegó el uso del arco y la flecha (¿procedentes del Hamburguiense?), los propulsores fueron desapareciendo poco a poco. Los arpones tenían dos hileras dentadas (Magdaleniense VI). Seguían el arte rupestre en el suroeste, y las figuras femeninas en el centro de Europa.

Hacia alrededor de 12000 a.A.P., comenzó la fase húmeda del Alleröd que perduró unos 1000 años. Se inició el Mesolítico, y la cultura de los cazadores recolectores de Europa se denomina Aziliense; las puntas azilienses eran puntas de flecha.

Una última fase fría (Dryas III), de unos 800 años sucedió al Alleröd (11-10200 a.A.P.). En el norte de Europa se cazaba el reno.

A continuación, hace unos 10200 años, con la subida de las temperaturas, terminó el Pleistoceno Superior y empezó el Holoceno, nuestra época.

6. Bibliografía.

AGUIRRE, E. (1995): Origen de la humanidad moderna: la evidencia y tarea pendiente, *Coloquios de Paleontología* 47, pp. 71-115.

BOSINSKI, G. (1990): *Homo sapiens. L'histoire des chasseurs du Paléolithique supérieur en Europe (40-10000 av. J.-C.)*, Paris, Errance.

BRÄUER, G. (1989): The evolution of modern humans: a comparison of the African and non-African evidence. En Paul Mellars y Chris Stringer (editores): *The human revolution: behavioural and biological perspectives on the origins of modern humans*, Edinburgh (Great Britain), Edinburgh University Press, pp. 123-154.

BRÄUER, G. (1991): L'hypothèse africaine de l'origine des hommes modernes. En Jean-Jacques Hublin y Anne-Marie Tillier (directores): *Aux origines d'Homo sapiens*, Paris, Presses Universitaires de France, pp. 181-215.

CORRUCCINI, R. S. (1992): Metrical reconsideration of the Skhul IV and IX and Border Cave 1 crania in the context of modern human origins, *American Journal of Physical Anthropology* 87, pp. 433-445.

FEREMBACH, D. (1986): Conclusion. En D. Ferembach, Ch. Susanne y col. (directores): *L'homme, son évolution, sa diversité. Manuel d'Anthropologie Physique*, París, C.N.R.S. et Doin, pp. 297-314.

HOWELLS, W. (1993): *Getting here. The story of human evolution*, Washington, D.C., The Compass Press, pp. 141-170.

LEWIN, R. (1994): *Evolución humana*, Barcelona, Salvat, 305 p.

LUMLEY, H. de (director) (1976): *La Préhistoire Française. I. Les civilisations Paléolithiques et Mésolithiques de la France*, París, Centre National de la Recherche Scientifique.

MAYR, E. (1968): *Especies animales y evolución*, Esplugues de Llobregat (Barcelona), Ariel, 607 p.

POPE, G. G. (1992): Craniofacial evidence for the origin of modern humans in China, *Yearbook of Physical Anthropology* 35, pp. 243-298.

RELETHFORD, J. (1990): *The human species. An introduction to Biological Anthropology*, Mountain View (California), London, Toronto, Mayfield Publishing Co., pp. 277 y 346.

SMITH, F. H., A. B. FALSETTI y col. (1989): Modern human origins, *Yearbook of Physical Anthropology* 32, pp. 35-68.

SOUICH, F. du (2006): *Conversaciones con Clío sobre evolución humana*, Zaragoza, Pórtico, 293 p.

STRINGER, C. B. (1989): The origin of early modern humans: a comparison of the European and non-European evidence. En Paul Mellars y Chris Stringer (editores): *The human revolution: behavioural and biological perspectives on the origins of modern humans*, Edinburgh, E.U.P., pp. 232-244.

STRINGER, C. B. (1992): Replacement, continuity and the origin of *Homo sapiens*. En G. Bräuer y F. H. Smith (editores): *Continuity or replacement*, Rotterdam/ Brookfield (Netherlands/ U.S.A.), A.A. Balkema, pp. 9-24.

STRINGER, C. y C. GAMBLE (1993): *In search of the Neanderthals. Solving the puzzle of human origins*, London, Thames and Hudson Ltd., pp. 39-72.

TILLIER, A.-M. (1988): A propos de séquences phylogénique et ontogénique chez les Néanderthaliens. En Erik Trinkaus (coordinador): *L'homme de Néandertal. 3. L'Anatomie*, Liège, (Belgique) Études et Recherches Archéologiques de l'Université de Liège, pp. 125-135.

TILLIER, A.-M. (1989): The evolution of modern humans: evidence from young Mousterian individuals. En P. Mellars y C. Stringer (editores): *The human revolution: behavioural and biological perspectives on the origins of modern humans*, Edinburgh, E. U. P., pp. 286-297.

WOLPOFF, M. H. (1989): Multiregional evolution: the fossil alternative to Eden. En P. Mellars y C. Stringer (editores): *The human revolution: behavioural and biological perspectives on the origins of modern humans*, Edinburgh, E. U. P., pp. 62-108.

WOLPOFF, M. H. (1991): "Homo erectus" et les origines de la diversité humaine. En J.-J. Hublin y A.-M. Tillier (directores): *Aux origines d'Homo sapiens*, Paris, P. U. F., pp. 97-155.

YOUNG, J. Z. (1976): *Antropología Física. Introducción al estudio del hombre*, Barcelona, Vicens-Vives, 554 p.

ALGUNOS DIENTES HUMANOS MUSTERIENSES DE LA CARIGÜELA (GRANADA)

Felipe du Souich, Sylvia A. Jiménez-Brobeil

Laboratorio de Antropología. Facultad de Medicina. Universidad de Granada. Avda. de Madrid, 11. 18012 - Granada.

(Otro trabajo, de alrededor de 1998, que nunca se publicó)

Al Prof. Dr. D. Manuel García Sánchez, *in memoriam.*

MATERIALES Y METODOS

A principios de octubre de 1994, el Prof. Dr. D. Manuel García Sánchez confió, a uno de los firmantes, los 15 dientes de La Carigüela que son estudiados aquí; fueron entregados en cajitas y clasificados en bolsitas de plástico sin referencia exterior alguna, por lo que se les puso un número arbitrario de referencia a cada una de las bolsas.

Ha resultado totalmente imposible acceder a los diarios de excavaciones de las campañas de 1969, 1970, 1971 y 1982, pese a todos los intentos realizados y a las consultas hechas en el Museo Arqueológico de Granada y en la Universidad Complutense de Madrid. Sólo se dispone de las notas del Prof. García Sánchez.

La inesperada desaparición del Prof. García Sánchez, poco tiempo después, hizo imposible disponer de más información acerca de estas piezas dentarias.

El diagnóstico de la localización de los dientes se ha conseguido mediante la comparación con piezas dentarias *in situ* de numerosas mandíbulas y maxilares de las colecciones osteológicas depositadas en el Laboratorio de Antropología de la Universidad de Granada, y por medio de las descripciones anatómicas de BROWN (1985), CARLSEN (1988), HILLSON (1996), KRAUS *et al.* (1981) y TOUSSAINT (1996).

El estudio morfológico se ha hecho siguiendo la metodología de SCOTT *et al.* (1997) y TURNER *et al.* (1991).

Para el análisis del desgaste de las piezas dentarias se ha recurrido a la escala de SMITH (1984).

En el estudio métrico, se ha utilizado un calibre con una precisión que alcanza la décima de mm. El diámetro mesio-distal (D.M.-D.) máximo de la corona ha sido tomado según el eje del diente; el diámetro vestíbulo-lingual (D.V.-L.) de la corona representa la mayor anchura medida perpendicularmente al anterior. La altura total (Al.T.) de la pieza dentaria se ha medido paralelamente al eje vertical del diente. Las alturas (Al.) de las cúspides (C.) se han tomado paralelamente al eje vertical de la pieza dentaria desde la línea cervical. Todas las medidas han sido tomadas tres veces, y se presenta (Tabla 1) la media de las tres (VANDERMEERSCH, 1981: 158).

DESCRIPCION DE LOS DIENTES

Las principales medidas se encuentran en la Tabla 1.

*1. Acompañado de las siglas: "C. 1 -501 S/501 W -*Level* 3 -9". Se deduce, de las notas de M. García Sánchez, que: a) pertenece a la campaña de F.A. Weir (1969), b) procede de la capa 4, c) se encontró entre la fauna en 1971, y d) se atribuye a un Musteriense tardío.

La pieza número 1, parece un M2 maxilar izquierdo. Presenta un surco vertical, que no llega al cuello de la corona, por la parte mesial de la cúspide mesio-lingual; parece tratarse de un grado 1 de Carabelli (TURNER *et al.*, 1991). Las cúspides se ordenan de mayor a menor del siguiente modo: C.M.-L., C.M.-V., C.D.-V. y C.D.-L.

Hay carillas poco acusadas de desgaste interproximal. Las componentes radiculares vestíbulo-distal y lingual están unidas; la mesio-vestibular ha perdido su extremo.

El desgaste (SMITH, 1984) es más pronunciado lingualmente: cúspides vestibulares, grado 1, cúspides linguales, grado 3.

La altura del tronco radicular es levemente superior a 4 mm (Brabant y Kovacs en SOUICH, 1974).

*2. Con las siglas: "C. III -T.T. 1 -505.32 S/507.50 W -*Level* 13 –B (?) o 13 (?)". Se intuye, por las notas de García Sánchez, que es de G. Bair (1969).

Se trata del fragmento vestibular de un diente partido según un plano vertical mesio-distal. Parece que el fragmento perteneció a un C maxilar derecho, pero pudo proceder de un P3 maxilar. Carece de raíz por rotura.

Desgaste: grado 1. No es seguro que su D.M.-D. sea el real: 7.43. Altura vestibular de la corona: 9.93.

*3. Siglas: "600 S/600 W -*Level* 2 -12 –D". Se adivina, por las notas de García Sánchez, que es de María Serna (1969) y de C. IV (?).

Tabla 1. Las medidas de los dientes (mm).

	1M2sup	3P4inf	4M3sup	5M2sup	6I2inf	7I2sup
D.M.-D.	9.37	7.39	11.34	10.55	6.04	7.16
D.V.-L.	10.62	9.03	12.42	12.03	6.26	6.36
Al.T.	20.17	21.17	16.36	17.99	26.33	21.75
Al.C.M.-V.	6.56	6.51	6.95	6.83	9.72	10.80
Al.C.D.-V.	6.22	-	6.95	6.63	-	-
Al.C.M.-L.	5.34	5.33	-	5.56	9.72	10.99
Al.C.D.-L.	5.03	-	7.30	5.16	-	-
Área (LxA)	99.51	66.73	140.84	126.92	37.81	45.54
Índice (Lx100/A)	88.23	81.84	91.30	87.70	96.49	112.58
Módulo (L+A/2)	10.00	8.21	11.88	11.29	6.15	6.76

Un P4 mandibular izquierdo (La cúspide mesio-lingual es grande en comparación con la disto-lingual). Se pueden observar carillas de desgaste interproximal. Las dos componentes radiculares se encuentran fusionadas, con un surco separador en la cara mesial, parece tener dos raíces.

El desgaste es superior en la cúspide vestibular, grado 2, que en la lingual, grado 1.

*4. Siglas: "C. IV -600 S/600 W -*Level* 4 -12". Se deduce que de Mª Serna (1969).

Se trata de un M3 maxilar izquierdo. Presenta una carilla de desgaste en la cara mesial de la cúspide lingual, como si hubiera emergido mal posicionado. Por la cara oclusal se observan tres cúspides que presentan numerosas fosillas, fisuras o grietas. Las cúspides, por su tamaño, de mayor a menor, se escalonan así: C.M.-L., C.M.-V., C.D.-V.

Los extremos de las componentes radiculares vestibulares se han perdido; las tres componentes están incurvadas vestíbulo-distalmente. El grado de desgaste es de 0-1.

La altura del tronco radicular es inferior a 4 mm.

*5. Siglas: "C. IV -601 S/600 W -*Level* 10 -4". Mª Serna (1969) (?).

Un M2 maxilar izquierdo, es difícil estar totalmente seguro. La cúspide M.-L. es mayor que la M.-V., que es mayor que la D.-V., que a su vez lo es respecto a la D.-L. Presenta una gran superficie mesial de desgaste interproximal; por la cara distal, esta carilla es bastante pequeña.

El desgaste es del grado 1, siendo ligeramente más acusado en las cúspides linguales; sin embargo, el surco entre las cúspides mesio-lingual y disto-lingual casi ha desaparecido. La componente radicular lingual está rota y perdida.

La altura del tronco radicular es algo mayor de 4 mm.

*6. Siglas: "C. IV -T.T. 1-A -AS 13 -X -5 -*8/11/70* -G. Greene (1970)".

Tabla 1 (Continuación).

	8M1sup	9M1sup	10P3sup	11Cinf	14P3inf	15M1sup
D.M.-D	10.65	10.48	7.20	6.73	6.63	10.71
D.V.-L.	12.53	12.37	9.84	7.99	8.52	14.11
Al.T.	16.64	17.03	20.54	22.80	16.92	23.07
Al.C.M.-V.	6.90	6.50	7.05	10.16	5.82	8.63
Al.C.D.-V.	6.75	6.76	-	-	-	8.69
Al.C.M.-L.	3.55	3.73	5.17	9.29	4.23	7.66
Al.C.D.-L.	3.44	4.30	-	-	-	7.93
Área	133.44	129.64	70.85	53.77	56.49	151.12
Índice	85.00	84.72	73.17	84.23	77.82	75.90
Módulo	11.59	11.43	8.52	7.36	7.58	12.41

Un I2 mandibular derecho, porque los ejes mesio-distal y vestíbulo-lingual no se cruzan formando un ángulo recto, y porque los bordes mesial y distal de la corona no son totalmente simétricos.

Los mamelones del borde incisivo han desaparecido por desgaste, que es del grado 1. Presenta algo de sarro en la cara vestibular de la corona. No se aprecian carillas interproximales de desgaste.

Los colores de este diente coinciden totalmente con los del número 15.

*7. Siglas: "C. IV -T.T. 1A -AS 20 -VI -4 -*8/19/70* -G. Greene".

Un I2 maxilar derecho. El ángulo disto-incisivo de la corona se ha perdido por rotura, también la raíz cerca del ápice. La morfología de la cara lingual de la corona es en pala: grado 2 o 3 (TURNER *et al.*, 1991) y presenta un *foramen caecum*.

El desgaste interproximal no es apreciable, el del borde incisivo es 0.

*8. Siglas: "C. IV -T.T. 71 -695 S/702 W -*Level* 2PR -*Bag August.10.1971* -K. Deaver".

Un M1 maxilar izquierdo. No se puede descartar totalmente que pudiera tratarse de un M2 por el pequeño tamaño de los complejos radiculares y la incurvación distal del mesio-vestibular (que posee dos raíces). No hay surco lingual en el complejo radicular de este nombre, que sin embargo es mayor que el mesio-vestibular y sin incurvación distal o vestibular; el complejo radicular disto-vestibular se ha perdido por rotura.

La cúspide disto-lingual es grande; el surco disto-lingual termina en una profunda depresión distal. La cúspide mesio-lingual es mayor que la mesio-vestibular, la cual es parecida a la disto-vestibular y a la disto-lingual.

Se observan marcadas superficies de desgaste interproximal, bastante cóncava la mesial. El desgaste oclusal es mayor en las cúspides linguales; vestibulares: grado 3, linguales: 4.

La altura del tronco radicular es inferior a 4 mm.

*9. Siglas: "C. IV -T.T. 71 -696 S/702 W -*Level* 2PR -*Bag* K -*August.9.1971* -K. Deaver".

Un M1 maxilar izquierdo. La cúspide mesio-lingual es mayor que la mesio-vestibular, la cual es menor que la disto-vestibular, la cual es parecida a la disto-lingual que es relativamente grande.

El único componente radicular que se conserva es el mesio-vestibular, tiene dos raíces. El arranque del complejo lingual es ancho y presenta un surco vertical. Debe reseñarse que el complejo radicular que se conserva parece corto para un M1.

La altura del tronco radicular es levemente superior a 4 mm.

Hay pequeñas superficies de desgaste interproximal, la distal se ve más difícilmente. El desgaste oclusal es del grado 3 en las cúspides vestibulares y del 4 en las linguales.

*10. Siglas: "C. IV -T.T. 71 -696 S/702 W -*Level* 3PR -*Bag* A -*8/10/71* -K. Deaver".

Un P3 maxilar izquierdo. Tiene dos raíces. Hay desgaste interproximal, área pequeña en la cara mesial, mayor en la distal. El desgaste oclusal es del grado 2 en la cúspide vestibular, y de 1 en la lingual.

*11. Siglas: "C. IV -T.T. 71 -696 S/702 W -*Level* 3PR -*Aug.11.1971* -K. Deaver".

Un C mandibular izquierdo. El desgaste es de 2-3, se acrecienta distalmente. Puede observarse una superficie de desgaste interproximal en la cara distal.

*12. Siglas: "C. IV -T.T. 71 -697 S/702 W -*Level* 2PR -*Bag* D (?) o L (?) -*8/9/71* -Cathie Leone".

Un M maxilar primero o segundo (?), izquierdo gracias al hecho de que la componente radicular mesio-vestibular (rota y desaparecida por debajo de su inicio) es más ancha que la disto-vestibular. El desgaste, grado 8, alcanza, lingualmente, la cámara pulpar y por debajo del límite de la corona. Se pueden observar los restos de lo que fueron amplias superficies de desgaste interproximal.

La longitud máxima de lo que queda de la cara vestibular de la corona: 9.17 mm; la altura total de lo que permanece del molar: 17.87 mm; la altura de la corona en lo que se conserva de la cara vestibular: cúspide M.-V., 5.88 mm, cúspide D.-V., 5.08 mm.

*13. Siglas: "C. IV -T.T. 71 -697 S/702 W -*Level* 3PR -*Bag* B -*Aug. 10.1971* -C. Leone".

Pieza dentaria muy desgastada, grado 7-8; toda la corona, prácticamente, ha desaparecido de lo que fue un premolar permanente. Se piensa, por el arranque de lo que permanece de la corona, que se trata de un P superior (P4 maxilar?). No hay surcos o concavidades verticales en las caras mesial o distal de la componente radicular; a pesar de todo, parece un premolar maxilar por la forma oval del perfil de la sección que puede observarse en norma vertical. No es posible determinar las caras.

La longitud de la raíz es de aproximadamente 14.51 mm; la altura de lo que se conserva de la corona es, por un lado, 3.43 mm, por el otro, 1.52 mm.

*14. Siglas: "C. IV -T.T. 71 -697 S/702 W -*Level* 3PR -*8/11/71* -C. Leone".

Un P3 mandibular izquierdo. El extremo de la componente radicular, cerca del ápice, está roto. El desgaste es notable, grado 4. También hay superficies de desgaste interproximal. Es probable que tuviera tres cúspides dada la presencia de un surco vertical en la cara lingual de la corona (HILLSON, 1996: 40).

*15. Siglas: "Carihuela 82 -Superficie -Escombrera -S/P".

Un M1 maxilar izquierdo. Solamente se aprecia una pequeña superficie de desgaste interproximal, la mesial. El desgaste oclusal es del grado 1. ¿Perteneció a un subadulto?

Los colores de esta pieza dentaria coinciden totalmente con los del diente número 6 descrito anteriormente.

El ápice de la componente radicular disto-vestibular ha desaparecido. La altura del tronco radicular es algo mayor de 4 mm.

En la cara oclusal, puede observarse una depresión central. La cúspide mesio-lingual, con un tubérculo de Carabelli, es mayor que la cúspide mesio-vestibular, ésta es mayor que la disto-vestibular, que es, a su vez, menor que la disto-lingual (relativamente grande). El tubérculo de Carabelli se sitúa entre los grados 6 y 7 (TURNER *et al.*, 1991). También se aprecia un pequeño tubérculo mesial marginal
accesorio (HILLSON, 1996: 50, 53 y 55; SCOTT *et al.*, 1997: 44, 45, 46 y 66).

COMPARACIONES

Lo primero que debe señalarse respecto a estos 12 dientes medibles de La Carigüela, cuando disponemos de más de una pieza para una misma localización -caso de los M1 y M2 maxilares, es que existe una notable variabilidad métrica: los diámetros M.-D. de los M1 maxilares van de 10.48 a 10.71 mm, pero los V.-L. varían entre 12.37 y 14.11 mm; para los M2 maxilares, D.M.-D., de 9.37 a 10.55 mm, y D.V.-L., de 10.62 hasta 12.03 mm.

Tabla 2. Comparaciones.

	Carigüela	Neandertales (Semal, 1988)	Paleolíticos (Semal, 1988)
7.I2SL	7.16	8.52	6.74
7.I2SA	6.36	8.52	6.74
10.P3SL	7.20	7.78	7.10
10.P3SA	9.84	10.45	9.53
8.M1SL	10.65	11.39	10.47
8.M1SA	12.53	12.06	11.99
9.M1SL	10.48	11.39	10.47
9.M1SA	12.37	12.06	11.99
15.M1SL	10.71	11.39	10.47
15.M1SA	14.11	12.06	11.99
1.M2SL	9.37	10.58	10.08
1.M2SA	10.62	12.25	12.12
5.M2SL	10.55	10.58	10.08
5.M2SA	12.03	12.25	12.12
4.M3SL	11.34	9.79	9.15
4.M3SA	12.42	12.08	11.46
6.I2IL	6.04	6.66	5.98
6.I2IA	6.26	7.93	6.68
11.CIL	6.73	7.87	7.13
11.CIA	7.99	9.05	8.36
14.P3IL	6.63	7.93	7.01
14.P3IA	8.52	9.21	8.23
3.P4IL	7.39	7.68	7.07
3.P4IA	9.03	9.14	8.43

S= maxilar; I= mandibular; L= D.M.-D.; A= D.V.-L.

El D.M.-D. de los dientes de La Carigüela es siempre inferior al neandertalense (SEMAL, 1988), Tabla 2, si exceptuamos la pieza 4.M3sup. Sucede lo mismo con los D.V.-L., con las excepciones de 8.M1sup., 9.M1sup., 15.M1sup. y 4.M3sup.

Si la comparación se hace con las medias del Paleolítico Superior (SEMAL, 1988), 15.M1sup. y 4.M3sup. resultan grandes, mientras que 1.M2sup. es pequeño (Tabla 2).

Tabla 3. La importancia de cada molar superior, en %, respecto a la suma de los diámetros mesio-distales.

	M1	M2	M3
Carigüela	33	31	36
Neandertales(1)	36	33	31
Pal. Sup.(1)	35	34	31
Gorafe(2)	36	32	31
Torrecilla(3)	37	33	31
(1): SEMAL, 1988; (2): SOUICH, 1974; (3): MARTIN *et al.*, 1978.			

Las 12 piezas dentarias medibles de La Carigüela, tomadas globalmente (Tabla 2), se sitúan entre los dientes neandertalenses (SEMAL, 1988) y los de las otras épocas (Paleolítico Superior - SEMAL, 1988; Gorafe, Bronce I -SOUICH, 1974, y La Torrecilla, Edad Media, -MARTIN *et al.*, 1978).

Si se comparan los módulos, se puede observar que los valores de La Carigüela (Tabla 1) se encuentran siempre por debajo de los correspondientes de los neandertales (SEMAL, 1988, calculados por los firmantes), exceptuando los molares superiores 15.M1 y 4.M3. Igual sucede cuando se analizan las áreas.

Finalmente, se ha creído interesante calcular los módulos de los valores máximos y mínimos de los *sapiens neanderthalensis* y *sapiens sapiens* europeos (SMITH, 1989); debe destacarse que estos valores se superponen frecuentemente, un dato que traduce la gran variabilidad que existía tanto en el Paleolítico Medio como durante el Paleolítico Superior; los valores correspondientes de La Carigüela están comprendidos entre aquellos.

Debe subrayarse, por lo tanto, que comparar valores medios puede resultar engañoso porque las medias no traducen la variabilidad existente dentro de las muestras.

La longitud total de los molares superiores o suma de los D.M.-D. (o sus medias) de La Carigüela alcanza 31.91 mm. Esta cifra es alta porque el M3sup. de La Carigüela es muy voluminoso (31.76 mm: los neandertales de SEMAL, 1988, calculado por los autores).

La disminución entre la suma de los D.M.-D. de los molares superiores de La Carigüela (31.91 mm) respecto a la serie medieval de La Torrecilla (27.84 mm, MARTIN *et al.*, 1978) representa un 12.8% y un 12.3% con relación a los neandertales de SEMAL (6.5% entre los neandertales y los del P.S. -SEMAL, 1988; 5% entre los del P.S. y el Bronce I -SOUICH, 1974; 1.3% entre el Bronce I y los medievales). Los molares superiores de las series analizadas se escalonan de la siguiente forma: La Torrecilla (27.84 mm), Gorafe (28.21), P.S. (29.70) y La Carigüela (31.91).

Tabla 4. Reducción, en %, del diámetro mesio-distal de los molares maxilares entre distintas épocas.

	M1	M2	M3
Neandertal(1)-Pal. Sup.(1)	8.08	4.73	6.54
Pal. Sup.(1)-Torrecilla(2)	2.67	9.62	6.67
Neandertal(1)-Torrecilla(2)	10.54	13.89	12.77
Carigüela-Torrecilla(2)	3.96	8.50	24.69
(1): SEMAL, 1988; (2): MARTIN *et al.*, 1978.

En la Tabla 3 puede observarse que la proporción de cada molar superior, en %, respecto a la suma de las medias de los D.M.-D., es bastante constante a lo largo del tiempo si se exceptúan los porcentajes de La Cariüela que resultan muy influidos por la pequeñez de la muestra y por el gran tamaño del M3sup.

A modo de curiosidad, en la Tabla 4 se estudian las pautas en la disminución de las medias de los D.M.-D., en %, de los tres molares superiores en distintas épocas. Puede verse que la mayor disminución en los M1sup. se dio entre el P.M. y el P.S. Para los M2sup., la aminoración principal tuvo lugar a partir del P.S. La reducción en los M3 parece haber sido más constante. Los M2 y M3 maxilares han disminuido algo más que los M1sup. Las cifras relativas a La Cariüela no son indicativas por la insuficiencia de las muestras y por el gran tamaño del M3sup.

ALGUNAS CONCLUSIONES

1. No se han podido detectar rasgos morfológicos que no puedan darse en el hombre moderno. Sin embargo, debe subrayarse que la morfología de la pieza 4.M3sup., con las numerosas fosillas de su cara oclusal, no es muy frecuente hoy en día, aunque HILLSON (1996: 53) considera corriente esta característica en los M3 maxilares. En Gorafe (Edad del Bronce), esta morfología se da, atenuadamente, en alrededor de un 9% de los M3 superiores.

2. Los dientes 15.M1sup. y 4.M3sup., principalmente, destacan por su tamaño (áreas y módulos); por la importancia de sus diámetros vestíbulo-linguales, también sobresalen 8.M1sup., 9.M1sup., 15.M1sup. y 4.M3sup.

3. Por sus dos principales diámetros, el mesio-distal y el vestíbulo-lingual, los dientes 3.P4inf., 4.M3sup., 5.M2sup. y 15.M1sup. se equiparan a los neandertalenses clásicos por su tamaño. Sin embargo, es interesante recordar que la pieza 1.M2sup., de pequeño tamaño según sus dos diámetros, está asociada a un Musteriense indiscutible según las notas del Prof. García Sánchez sacadas del diario de excavaciones inédito de F.A. Weir.

4. Debe destacarse la gran variabilidad métrica que puede observarse tanto durante el Paleolítico Medio como en el Superior (SEMAL, 1988 y SMITH, 1989). Dicho de otro modo, no todos los dientes neandertalenses son superiores, en tamaño por sus dos principales diámetros, a los de *H.s.s.* Una continuidad filética sería posible.

5. Si toda la colección de dientes de La Carigüela pertenece efectivamente al Paleolítico Medio, debe decirse que, en general, estas piezas dentarias neandertalenses del sur de España son algo más pequeñas que las correspondientes de SEMAL (1988), y que dentro de esta pequeña muestra hay bastante variabilidad métrica.

BIBLIOGRAFIA

BROWN, W.A.B. (1985) Identification of human teeth. Univ. of London: Institute of Archaeology, Bulletin 21-22 (1984-85), 30 p.

CARLSEN, O. (1988) Morfología dentaria. Barcelona: Ed. Doyma, 181 p.

HILLSON, S. (1996) Dental Anthropology. Cambridge: C.U.P., 373 p.

KRAUS, B.S., JORDAN, R.E. y ABRAMS, L. (1981) Anatomía dental y oclusión. México, D.F.: Nueva Edit. Interamericana, 318 p.

MARTIN, E., SOUICH, Ph.du, BOTELLA, M.C. y GUIRAO, M. (1978) Estudio bioestadístico de la dentadura de una población medieval. En Garralda, M.D. y Grande, R.M. (eds.): I Simposio de Antropología Biológica de España. Univ. Complutense de Madrid: Soc. Esp. Antrop. Biol., Fac. Biología, pp. 149-156.

SCOTT, G.R. y TURNER II, Ch.G. (1997) The anthropology of modern human teeth. Cambridge: C.U.P., 382 p.

SEMAL, P. (1988) Evolution et variabilité des dimensions dentaires chez *Homo sapiens neanderthalensis*. Viroinval, Belgique: Edit. du Centre d'Etudes et de Documentation Archéologiques, 112 p.

SMITH, B.H. (1984) Patterns of molar wear in Hunter-Gatherers and Agriculturalists. Am. Jour. of Phys. Anthrop. 63: 39-56.

SMITH, P. (1989) Dental evidence for phylogenetic relationships of Middle Paleolithic hominids. En Otte, M. (ed.): L'homme de Néandertal. Vol. 7 (L'Extinction). Liège: Etudes et Recherches Archéologiques de l'Univ. de Liège 34, pp. 111-120.

SOUICH, Ph.du (1974) Estudio antropológico de los dientes de una población del Bronce I de Gorafe (Granada). An. Desarr. 18 (44-45): 137-166.

TOUSSAINT, M. (1996) Clés de détermination des dents humaines isolées, découvertes en contexte archéo-anthropologique. Bull. des Chercheurs de la Wallonie XXXVI: 73-117.

TURNER II, C.G., NICHOL, C.R. y SCOTT, G.R. (1991) Scoring procedures for key morphological traits of the permanent dentition: The Arizona State University Dental Anthropology System. En Kelley, M.A. y Larsen, C.S. (eds.): Advances in Dental Anthropology. New York: Wiley-Liss, pp. 13-31.

VANDERMEERSCH, B. (1981) Les hommes fossiles de Qafzeh (Israël). Paris: Ed. C.N.R.S., 319 p. y XII l.

ACERCA DE LA COMPOSICIÓN TIPOLÓGICA DE LAS POBLACIONES DEL PAÍS VASCO

Felipe du Souich, Inmaculada Alemán

Laboratorio de Antropología. Facultad de Medicina. Universidad de Granada. Avda. de Madrid, 11. 18012 - Granada.

(Trabajo de alrededor del año 2003, se quedó sin publicar porque desapareció la revista que iba a hacerlo.)

Introducción

El origen y la composición tipológica de las poblaciones humanas de la zona occidental de los Pirineos (vascos o pirenaicos occidentales), en la Península Ibérica, han sido muy debatidos desde los inicios de la Antropología Física en el siglo XIX, principalmente a causa de sus características lingüísticas y culturales.

Los rasgos distintivos de este grupo han sido mencionados como evidencia de antiguas migraciones o como reflejo de la persistencia de caracteres primitivos. Se han propuesto muchas teorías, algunas contradictorias y otras absurdas. Todas estas opiniones han provocado muchas controversias que, sin embargo, no han logrado dar una explicación plausible al origen y composición tipológica de estas poblaciones.

Los autores que se han ocupado de la cuestión, a menudo, han buscado y hecho énfasis en los rasgos que podían diferenciar las poblaciones vascas de las demás, más que resaltar las similitudes que se daban respecto al resto de grupos, tanto limítrofes como más alejados en el espacio.

Son muy conocidas las teorías de la evolución *in situ* desde el Paleolítico y de la descendencia directa de los "hombres de Cro-Magnon"[3, 11, 22, 31].

También se ha dicho que el pueblo vasco descendía de la mezcla de otras poblaciones[20, 23], o de alguna única población[7,10].

Algunas de las teorías más curiosas sostenían que los vascos surgieron de una combinación de íberos, similares a los bereberes y de pueblos nórdicos (finlandeses, lapones y germánicos); otros sugerían que descendían de mongoles, de pueblos con origen norteafricano o de los fenicios y cartagineses. Hoy en día, estas últimas teorías han sido totalmente abandonadas porque no hay evidencias arqueológicas o antropológicas de tales movimientos de pueblos.

Otro grupo de autores ha mantenido un origen mediterráneo para los vascos[14, 16, 27, 35].

A la vista de tantas teorías dispares, en 1991 Botella y Souich presentaron un trabajo al VII Congreso Español de Antropología Biológica en el que se abordaba el problema y se analizaban los rasgos tipológicos de los restos esqueléticos de distintas épocas de la zona, llegándose a la conclusión que todos los individuos pueden ser adscritos al tipo mediterráneo en sentido amplio, si bien hay unas frecuencias mayores para determinados caracteres en algunos grupos de población. Pero tales frecuencias no resultan significativas y no permiten separar la población vasca, al menos en sus rasgos esqueléticos, del resto del conjunto mediterráneo. Ese trabajo se publicó en 1995[9].

Para el presente estudio se ha retomado el tema centrando la investigación en un mayor número de restos osteológicos, de muchas épocas distintas, con el fin de profundizar en el análisis de los grupos humanos que se han asentado en el País Vasco a lo largo del tiempo y su comparación con otros.

Las excavaciones recientes han proporcionado más información esquelética que puede ser utilizada para revisar las teorías acerca del origen del hipotético tipo físico vasco. El propósito de este trabajo, por lo tanto, es utilizar estos datos para evaluar las teorías alternativas que han sido propuestas.

Métodos

En primer lugar se ha utilizado el método morfométrico para la caracterización tipológica de las colecciones osteológicas. Mediante éste es posible distingui[17, 25, 32] tres grupos principales de cráneos en las poblaciones españolas del pasado y del presente:

1.- Un grupo de cráneos mesodolicocráneos o dolicomesocráneos, según el porcentaje de cada categoría dentro de las series, que se considera como el típico del tipo mediterráneo.

2.- Un pequeño grupo braquicráneo curvoccipital. Cuando el único rasgo que difiere es el índice del cráneo y éste no es muy alto (poco superior a 80), se considera que pertenece a la variabilidad normal del grupo mesodolicocráneo.

3.- Un grupo muy pequeño braquicráneo planoccipital; el índice del cráneo es generalmente más alto. No son muy frecuentes en España y su origen no ha sido todavía definitivamente explicado.

Así, el tipo mediterráneo *sensu lato* incluye una mayoría de cráneos dolicocráneos y mesocráneos y algunos braquicráneos curvoccipitales (siempre menos del 30 % de los individuos). El tipo mediterráneo es claramente el más abundante en las poblaciones del pasado y del presente.

El grupo mediterráneo *sensu lato*, sin tener en cuenta la variedad existente e indicando solamente los porcentajes más altos dentro de las categorías, puede definirse como sigue (los nombres que acompañan las categorías son los de sus autores)[24]. El cráneo es ovoide (Sergi) y dolicocráneo o mesocráneo (Garson) en norma superior; es domiforme en norma posterior pero las protuberancias parietales no son muy pronunciadas; curvoccipital y ortocráneo (Martin) en norma lateral y metrio o acrocráneo (Martin y Jagdhold) en norma posterior; la capacidad es media o alta (Sarasin). La cara es mesena (Kollmann), las órbitas mesoconcas (Martin) y la nariz leptorrina (Martin). La estatura es media.

Los antropólogos españoles han definido el tipo mediterráneo, en sentido amplio, de acuerdo con estos criterios.

Repasemos ahora algunas de las consideraciones hechas por varios autores en torno al tipo vasco.

J. Deniker[14] decía que el cráneo es mesocráneo con un abultamiento especial de las regiones parietales, el torso cónico y la cara alargada y puntiaguda.

También hemos resumido la definición clásica de T. Aranzadi y colaboradores[1]. Según ellos, el cráneo es mesocráneo con las sienes abultadas en norma superior, bombiforme o domiforme en norma posterior y curvoccipital en norma lateral; la cara es casi leptena y ortognata, la nariz leptorrina y las órbitas casi hipsiconcas.

C.S. Coon [12] notó la alta frecuencia de sangre Rh negativa y la baja de la del grupo B en los vascos modernos y proseguía diciendo que "no son morfológicamente distintos" (de las poblaciones vecinas), que "no son los únicos europeos con una frecuencia alta de sangre Rh negativa" y que "es común una frecuencia baja del grupo B en Francia". Finalmente añadía: "La polaridad genética de los vascos entre los pueblos europeos resulta así menos pronunciada de lo que había parecido ser. Los vascos son notablemente etnocéntricos y hablan un idioma extraño, dos factores que han atraído mucho la atención y que pueden haber limitado el influjo de nuevos genes por parte de las poblaciones vecinas".

R. Riquet[35] se preguntaba si es realmente necesario separar el pueblo vasco; tienen una cara especial, sienes abultadas, nariz larga y el nasion no hundido, mentón triangular; son notablemente ortognatos, etc. De hecho, todos estos rasgos pueden encontrarse en muchas poblaciones, pero especialmente en el grupo mediterráneo. Lo que resulta característico es que estos rasgos sean más frecuentes en la zona vasca.

M.C. Botella y Ph. du Souich[9] indicaron que "Es por tanto un grupo básicamente mediterráneo en el que se observan con mayor frecuencia determinados caracteres, expresión de la variabilidad intragrupal. La población del área vasca sería un exponente de esa variabilidad y los caracteres señalados como específicos, que no son ajenos al grupo mediterráneo, aparecen con una mayor frecuencia en la zona. Incluso dentro de ella existen diferencias geográficas en su distribución."

D. Turbón[47], por último, considera que "el análisis craneométrico de las poblaciones europeas muestra un panorama relativamente homogéneo, en el que los vascos no destacan particularmente... Cuanto antecede... lleva a la conclusión de que los rasgos propios del llamado pirenaico-occidental no pueden ser identificados más allá del Neolítico y provienen más bien de una diferenciación local de poblaciones neolíticas del sur de Europa debida al aislamiento geográfico y reproductor".

A continuación, por medio del programa estadístico SPSS v. 9.0 para Windows, se han aplicado varios métodos estadísticos multivariantes tales como análisis *cluster* jerárquico y no jerárquico, y análisis discriminantes. Se ha llevado a cabo un proceso de dos clasificaciones sucesivas mediante distancias entre las muestras de poblaciones y, en el último paso, en la aplicación de análisis discriminantes para comprobar la clasificación más explicativa.

El análisis de agrupaciones o *cluster* jerárquico es una técnica que sirve para clasificar una serie de muestras en grupos lo más homogéneos posible mediante las variables originales; de esta manera, las muestras que queden clasificadas en el mismo grupo serán muy similares. Los resultados se representan gráficamente mediante dendrogramas[8].

El método de K-medias es un análisis *cluster* no jerárquico que tiene por objetivo realizar una clasificación de las muestras en K grupos; a diferencia del primero, es el investigador el que establece el número de grupos que deben formarse. La asignación de las muestras se hace mediante un proceso que optimiza el criterio de selección[8].

El análisis discriminante se utiliza como un medio de clasificación y asignación de una muestra a un grupo, conocidas sus características; se determina si, en función de las variables originales disponibles, los grupos quedan suficientemente discriminados[8].

Resultados tipológicos

Se ha revisado la mayoría de los estudios modernos de restos osteológicos de la zona vasca española bien datados desde el Neolítico hasta el presente, colecciones esqueléticas prehistóricas y medievales de diversas zonas que limitan con el País Vasco español y otros restos óseos españoles de diferentes épocas con el fin de determinar su composición tipológica.

Series prehistóricas

1.- Cueva de Marizulo (Guipúzcoa, País Vasco: P.V.), ha dado un individuo de cronología segura, Neolítico, que muestra los caracteres propios del tipo mediterráneo[37].

2.- La Cueva de Fuente de Hoz (Álava, P.V.), citado por Rúa[37], tiene fechas indiscutiblemente neolíticas y los individuos presentan rasgos que son "expresión de un sustrato mediterráneo...".

3.- Enterramientos en cuevas (Álava, P.V.), Calcolítico. Han proporcionado muchos restos antropológicos en los que hay un claro dominio del elemento mediterráneo[37].

4.- Dólmenes de Peciña (Álava, P.V.) y Alto de la Huesera (La Rioja), Calcolítico. El material osteológico muestra un predominio muy claro de los mediterráneos[4, 5].

5.- El túmulo de la Atalayuela (La Rioja), de época Campaniforme, ha dado un gran número de individuos en los que predomina el elemento mediterráneo, si bien hay algunos cráneos que muestran rasgos que se han atribuido al tipo pirenaico occidental[6].

6.- Cueva de los Hombres Verdes (Navarra). Es el yacimiento más importante de la Edad del Bronce, desde el punto de vista antropológico; los restos son igualmente, en su mayoría, del tipo mediterráneo, con elementos braquicráneos que alcanzan un 30%[37].

7.- Los restos antropológicos de La Hoya (Álava, P.V.), de la Edad del Bronce, muestran un predominio de los caracteres básicos que definen a los mediterráneos[37].

Series medievales y modernas del País Vasco español

8.- San Juan de Momoitio (Garai, Vizcaya, P.V.), siglos XI – XIII. Los autores concluyen que "la comparación de San Juan de Momoitio con yacimientos del País Vasco de similar cronología indica mayores concordancias con éstos [los medievales] que con los vascos actuales" [2]. Y en todos ellos es precisamente el elemento mediterráneo el que predomina de manera casi absoluta.

9.- Ordoñana (Álava, P.V.), medieval; Arenal y Rúa[2] dicen: "La mayor semejanza [de Garai, San Juan de Momoitio] se establece con la necrópolis de Ordoñana, cuyo diagnóstico indica... que la mayoría de los individuos presentan características propias de mediterráneos gráciles y una tercera parte de las variantes coinciden con ciertas características del Pirenaico occidental...".

10.- Santa Eulalia (Álava, P.V.), medieval; Arenal y Rúa[2] nos informan: "Asimismo, el estudio de la necrópolis de Santa Eulalia puso de manifiesto un predominio de la tipología mediterránea y notables diferencias con el tipo Pirenaico occidental".

Clasificaciones tipológicas predominantes
Tabla 1

Yacimiento	Época	Tipo predominante
*Series prehistóricas:		
1. Cueva de Marizulo (P.V.)[37]	Neolítico	Mediterráneo
2. Cueva de Fuente de Hoz (P.V.)[37]	Neolítico	Mediterráneo
3. Enterramientos en cuevas (P.V.)[37]	Calcolítico	Mediterráneo
4. Dólmenes de Peciña (P.V.)		
y de Alto de la Huesera (La Rioja)[4, 5]	Calcolítico	Mediterráneo
5. Túmulo de La Atalayuela (La Rioja)[6]	Campaniforme	Mediterráneo
6. Cueva de Hombres Verdes (Navarra)[37]	Bronce	Mediterráneo
7. La Hoya (P.V.)[37]	Bronce	Mediterráneo
*Series medievales y		
una moderna del País Vasco:		
8. S. Juan de Momoitio, Garai (P.V.)[2]	Medieval	Mediterráneo
9. Ordoñana (P.V.)[2]	Medieval	Mediterráneo
10. Santa Eulalia (P.V.)[2]	Medieval	Mediterráneo
11. Caranca (P.V.)[2]	Medieval	Mediterráneo
12. Serie vasca[36]	Moderna	Mediterráneo
*Series de alrededor del País Vasco		
español:		
13. S. Baudelio de Berlanga (Soria)[45]	Medieval	Mediterráneo
14. Monasterio de Suso (La Rioja)[29]	Medieval	Mediterráneo
15. Sta. Mª. de la Piscina (La Rioja)[41]	Medieval	Mediterráneo
16. Palacios de la Sierra (Burgos)[43]	Medieval	Mediterráneo
17. Villanueva de Soportilla (Burgos)[44]	Medieval	Mediterráneo
18. Sta Mª. de Hito (Cantabria)[18]	Medieval	Mediterráneo
*Otras series importantes:		
19. Tarragona[32]	Romana	Mediterráneo
20. Montjuïc (Barcelona)[33]	Medieval	Mediterráneo
21. La Torrecilla (Granada)[39]	Medieval	Mediterráneo
22. Linares (Jaén)[38]	Moderna	Mediterráneo
23. Almuñécar (Granada)[40]	Moderna	Mediterráneo

11.- Caranca (Álava, P.V.), medieval; Arenal y Rúa[2] dicen: "presenta un conjunto de caracteres antropológicos que repiten la variedad advertida en los otros yacimientos alaveses...".

12.- La serie vasca actual mejor estudiada[36], siglos XIX – XX; muestra una variabilidad de la población a nivel métrico, que según de la Rúa puede ser considerada por el cráneo, "como un grupo más, dentro del rango de variación de las series analizadas [mediterráneas], para estos caracteres craneométricos; diferenciándose, no obstante, en las variaciones morfológicas de la cara, a saber: las anchuras faciales que diferencian a los vascos por su mayor estrechez, y la altura de la cara, principalmente de los femeninos, por su mayor valor".

Series de alrededor del País Vasco español

13-17.- Provincias de Soria, Logroño y Burgos[29, 41, 43, 44, 45], siglos IX – XIV. Los restos esqueléticos pertenecen al grupo mediterráneo; un 10,34% de los elementos mediterráneos exhiben algunos caracteres de los que aparecen con mayor frecuencia entre los indicados como "vascos".

18.- Santa María de Hito (Cantabria), siglos IX – XII; la serie muestra una notable homogeneidad y "presenta una morfología mediterránea con neto predominio de la variedad denominada mediterránea robusta (lepto-dolicomorfa),..."[18].

Otras series importantes

19.- La serie de romanos de Tarragona y Ampurias (Gerona), siglos III - V[32]. En ella el 61.2% de los individuos son mediterráneos, el 13.9% braquicráneos curvoccipitales, el 1.9% braquicráneos planoccipitales y el 23% de tipología incierta, a causa de la conservación.

20.- La necrópolis judaica de Montjuich (Barcelona), siglos XI – XIV. Según el análisis de las descripciones de Prevosti y Prevosti[33], se puede considerar que la población pertenece claramente al grupo mediterráneo, con un 86% de mediterráneos claros, un 4% con influencias africanas (?) y un 10% de tipología incierta, debido al estado de conservación.

21.- La Torrecilla (Granada), siglos IX/X al XIII/XIV[39]; los restos esqueléticos muestran mediterráneos típicos (61.1%), de tipología incierta (25.3%, ¿contribución étnica africana?[42]) y elementos indeterminados (13.7%, restos fragmentados).

22.- Linares (Jaén), aproximadamente de la primera mitad del siglo XX: "La colección esquelética analizada podría englobarse tipológicamente en el grupo mediterráneo en sentido amplio..."[38].

23.- Almuñécar (Granada), pertenecientes a la primera mitad del siglo XX, con seguridad; la muestra de población es de tipología mediterránea en sentido amplio, con muchas características morfométricas gráciles[40].

La tabla 1 resume las clasificaciones tipológicas predominantes encontradas en cada uno de los yacimientos mencionados. Como se ha podido constatar, el tipo mediterráneo es siempre el más abundante en cada una de las colecciones estudiadas.

Resultados de los análisis estadísticos multivariantes

De las 23 muestras de poblaciones estudiadas aquí, sólo 16 han sido elegidas para los análisis estadísticos multivariantes porque estas series constan de un adecuado número de individuos y porque pertenecen a la era cristiana que, por lo tanto, no están temporalmente demasiado alejadas de las modernas.

Por eso se han escogido las series de vascos modernos, Garai (San Juan de Momoitio, P.V.), Ordoñana (P.V.), Santa Eulalia (P.V.), Caranca (P.V.), Santa María de Hito (Cantabria), Villanueva de Soportilla (Burgos), Santa María de la Piscina (La Rioja), Monasterio de Suso (La Rioja), Palacios de la Sierra (Burgos), San Baudelio de Berlanga (Soria), romanos de Tarragona, "judíos" de Montjuïc (Barcelona), La Torrecilla (Granada), Linares (Jaén) y Almuñécar (Granada).

Además se han añadido una población medieval de Cataluña, estudiada por Vives[2]; y otras tres series modernas: Argelia[13], Saint-Jean-de Luz[28] (País Vasco francés) y Austria[21]; estas últimas con el fin de contar también con poblaciones no españolas. Las veinte series son masculinas.

Se han usado los valores medios de las 13 medidas de Martin[24] que se citan a continuación porque están presentes en todas las series mencionadas: longitud máxima del cráneo (M1), longitud de la base del cráneo (M5), anchura máxima del cráneo (M8), anchuras frontal mínima (M9) y máxima (M10), altura basion-bregma (M17), longitud basion-prosthion (M40), anchura bicigomática (M45), altura facial superior (M48), anchura orbitaria (M51), altura orbitaria (M52), anchura nasal (M54) y altura nasal (M55). Sin embargo, debe señalarse que las medidas ausentes en las series de Saint-Jean-de-Luz (M5 y M40) y de Austria (M9 y M51) han sido completadas mediante los promedios correspondientes de los valores medios de las restantes 19 poblaciones.

En primer lugar se ha llevado a cabo un análisis *cluster* jerárquico con el fin de analizar las afinidades existentes entre las 20 series. Sobre el dendrograma (figura 1, lo que se ha podido recuperar), obtenido por el método *UPGMA* (promedio entre grupos) que es el más adecuado para el estudio de agrupaciones, tal como indican diversos autores[8, 30], se pueden observar, de arriba abajo, tres aglomeraciones principales: a) las poblaciones más meridionales (**las más gráciles**, 4 muestras: La Torrecilla, Argelia, Linares y Almuñécar) y además Villanueva, b) la mayoría de las demás series (13 muestras: Baudelio, romanos, Montjuïc, Eulalia, Palacios, Caranca, Ordoñana, Suso, Garai, Cataluña, Vascos, Piscina e Hito), y c) Saint-Jean-de-Luz y Austria. Las afinidades se dan, por lo tanto, dentro de tres grupos que son congruentes (con la excepción de Villanueva) con su localización geográfica. De esta manera se encuentran separadas las poblaciones del sur, las del tercio norte de España y las de más allá de los Pirineos. **Las cinco series del País Vasco se sitúan en varios subgrupos diferentes de las del norte de España.** Este es un resultado prometedor y muy significativo.

Figura 1

Dendrogram using Average Linkage (Between Groups)

```
                      Rescaled Distance Cluster Combine


    C A S E         0         5         10        15        20        25
    Label    Num    +---------+---------+---------+---------+---------+


    TORRECILLA 15    ??????
    ARGELIA    18    ??    ?????
    LINARES    16    ??????    ??????????????????
    ALMUÑECAR  17    ??        ?                   ?
    VILLANUEVA  7    ??????????                    ?
    BAUDELIO   11    ?????????????        ??????????????????????????
    ROMANOS    12    ??????        ?????        ?                   ?
    MONTJUICH  14    ?????????????   ?        ?                   ?
    EULALIA     4    ??????          ?        ?                   ?
    PALACIOS   10    ???? ?????      ??????????                   ?
    CARANCA     5    ??????   ??????? ?                           ?
    ORDOÑANA    3    ???????? ?      ? ?                           ?
    SUSO        9    ??     ???      ? ?                           ?
    GARAI       2    ????????        ???                          ?
    CATALUÑA   13    ??????          ?                            ?
    VASCOS      1    ????????????? ?                              ?
    PISCINA     8    ????            ???                          ?
    HITO        6    ?????????????                                ?
    S.J.LUZ    19    ????????????????????????????????????????????????????????
    AUSTRIA    20    ????
```

A continuación, se ha procedido a realizar una segunda clasificación, esta vez, mediante el análisis de K medias. Se ha llevado a cabo con tres grupos (k= 3) de acuerdo con los resultados del dendrograma. Se ha trabajado con los valores por defecto del programa, es decir, iteración máxima 10 y criterio de convergencia 0.02. Con este método estadístico multivariante se divide

71

un conjunto de series en conglomerados, de tal modo que cada caso (población) pertenecerá al grupo cuyo centro esté más cercano (distancia euclídea) a él[8].

Resultado del análisis K-medias.

Tabla 2

Pertenencia a los grupos

N° de caso	Lugar	Grupo	Distancia
1	**Vascos**	**2**	6,935
2	**Garai**	**2**	5,634
3	**Ordoñana**	**2**	5,235
4	**Eulalia**	**3**	5,360
5	**Caranca**	**2**	5,422
6	Hito	2	5,330
7	Villanueva	3	4,904
8	Piscina	2	6,018
9	Suso	2	5,189
10	Palacios	2	3,667
11	Baudelio	2	6,065
12	Romanos	2	6,258
13	Cataluña	2	4,469
14	Montjuïc	3	7,003
15	Torrecilla	3	3,897
16	Linares	3	4,838
17	Almuñécar	3	4,417
18	Argelia	3	4,457
19	**S. J. Luz**	**1**	2,716
20	Austria	1	2,716

En el ANOVA (análisis de varianza que acompaña este cálculo estadístico multivariante), se puede comprobar que las diferencias más importantes entre los grupos se dan con 10 de las 13 variables (todas las medidas menos M9, M52 y M54) y que son significativas ($P < 0.05$), oscilando los valores entre 0.000 y 0.046.

Las distancias entre los centros de los tres *cluster* son: entre el 1 y el 2, 13.4, entre el 2 y el 3, 8.1 y entre el 1 y el 3, 14.2. Nótese que la menor de estas distancias es la que se da entre los aglomerados (2 y 3) de las poblaciones que se sitúan geográficamente al sur de los Pirineos (tabla 2).

El resultado de esta clasificación (tabla 2) es ligeramente distinto de lo obtenido mediante el dendrograma. Es interesante destacar que el grupo 1 incluye las dos poblaciones de más allá de los Pirineos; el aglomerado 2 contiene los vascos modernos, Garai (P.V.), Ordoñana (P.V.), Caranca (P.V.), Santa María de Hito (Cantabria), Santa María de la Piscina (La Rioja), Monasterio de Suso (La Rioja), Palacios de la Sierra (Burgos), San Baudelio de Berlanga

(Soria), los romanos de Tarragona y los medievales de Cataluña. En el conglomerado 3 encontramos Santa Eulalia (P.V.), Villanueva de Soportilla (Burgos), los "judíos" de Montjuïc (Barcelona), La Torrecilla (Granada), Linares (Jaén), Almuñécar (Granada) y Argelia.

Debe destacarse que en este tercer *cluster* se ha agrupado una serie del País Vasco (Eulalia). Es interesante también el hecho de que **todas las muestras de poblaciones del País Vasco están,** en los conglomerados 2 y 3, **mezcladas con las demás poblaciones típicamente mediterráneas**. Las distancias al centro de cada grupo traducen la heterogeneidad existente dentro de cada uno de los aglomerados (tabla 2).

Los dos métodos clasificatorios utilizados muestran, por lo tanto, que las únicas muestras de poblaciones que se diferencian significativamente de las demás son las de Saint-Jean-de-Luz (País Vasco francés) y de Austria.

Llegados a este punto, se ha considerado necesario comprobar y completar esta prueba de K-medias con análisis discriminantes, porque aquel método siempre agrupará según el número de grupos (k) establecidos *a priori*, mientras que los discriminantes pueden no aceptar tal clasificación. Se ha atribuido a cada muestra de población el mismo número de *cluster* que le asignó, anteriormente, el procedimiento K-medias (tabla 2).

Se han llevado a cabo tres análisis discriminantes. Uno mediante el método directo y la matriz de correlaciones intra-grupos. Para los otros dos se ha seguido el método de inclusión por pasos, con la lambda de Wilks en uno y la distancia de Mahalanobis en el otro. En estos últimos se han utilizado los valores por defecto de F= 3.84 para entrar y 2.71 para salir.

Los resultados determinan que **las 20 muestras de poblaciones se clasifican siempre en los tres *clusters***, ya preestablecidos por el análisis de K-medias, **en el 100% de los casos.**

Por lo tanto, estos análisis estadísticos multivariantes confirman el estudio tipológico y permiten considerar las muestras de poblaciones vascas como integrantes de la variabilidad existente dentro del tipo mediterráneo sensu lato.

Conclusiones

Los resultados de los análisis craneológicos muestran que desde el Neolítico hasta el presente, las poblaciones que han habitado el País Vasco español han sido mediterráneas en sentido amplio; sus composiciones tipológicas no se diferencian significativamente de las de otras poblaciones españolas de diversos periodos y lugares. El componente básico de las poblaciones de la Península Ibérica es el tipo mediterráneo *sensu lato*.

Nuestras conclusiones apoyan los resultados de estudios anteriores que consideran a los actuales habitantes del País Vasco español como pertenecientes al tipo mediterráneo en sentido amplio[9, 14, 16, 27, 28, 35].

En cuanto al origen de las poblaciones mediterráneas occidentales, somos partidarios de las teorías[15, 19, 34, 46] que las hacen descender básica y principalmente de las de la fase reciente (después del último máximo glacial) del Paleolítico Superior.

Según nuestra opinión, no se debería insistir en una especificidad del grupo vasco en sus aspectos craneológicos, cuando parece evidente que no es así.

Se han observado, sin embargo, algunas diferencias fenotípicas entre las distintas series porque las frecuencias de ciertos caracteres varían en las distintas zonas, periodos y grupos. Estas diferencias son el resultado de la variabilidad inter-grupo de los pueblos mediterráneos.

La población vasca es un ejemplo de esto. Es una población mediterránea que exhibe algunos rasgos que se encuentran más frecuentemente en este grupo que en otras partes de España. Las diferencias en las frecuencias relativas de algunos caracteres, que se aprecian también entre comarcas del propio País Vasco, pueden ser el resultado del relativo aislamiento geográfico de esta zona montañosa[12, 26, 47], consanguinidad, características demográficas, tipo de hábitat e incluso de la organización social.

Existen aumentos y disminuciones en las frecuencias de algunos caracteres del cráneo entre los grupos humanos de la Península Ibérica, no sólo de los vascos, pero no son de suficiente importancia como para poder ir más lejos.

Los análisis estadísticos multivariables confirman esta hipótesis.

Referencias bibliográficas

1. Aranzadi T de, Barandiarán JM de, Etcheverry MA. La raza vasca, I. San Sebastián: Auñamendi; 1967.

2. Arenal I, Rúa C de la. Antropología de una población medieval vizcaína. San Juan de Momoitio, Garai. San Sebastián: Eusko Ikaskuntza; 1990.

3. Barandiarán J M de. Antropología de la población vasca. Ikuska 1947; 6-7: 193-210.

4. Basabe J M. Nota previa sobre los cráneos de los dólmenes de Peciña y del Alto de la Huesera. Anuario de Eusko-Folklore 1962; 19: 223-225.

5. Basabe JM. Étude anthropologique des crânes du dolmen de Peciña (Logroño, España). Rome: Congr. Int. des Scienc. Prehist. et Protohist. 1962: 336-338.

6. Basabe JM. Estudio antropológico del yacimiento de Atalayuela (Logroño). Príncipe de Viana 1978; 152-153: 423-478.

7. Bertholon L. Note sur l'identité des caractères anthropologiques des Basques et des Phéniciens. Bull. Soc. d'Anthrop. Paris 1896; 7 (4): 663-671.

8. Bisquerra R. Introducción conceptual al análisis multivariable, I y II. Barcelona: P.P.U.; 1989.

9. Botella MC y Souich Ph du. Reflexiones acerca de la composición racial vasca. En: Botella MC *et al.*, editores. Nuevas perspectivas en Antropología. Granada: Lab. Antropología, Fac. Medicina; 1995. p. 67-74.

10. Broca P. Sur les crânes Basques (Zaraus). Bull. Soc. d'Anthrop. Paris 1863; 4 (1^{er}sér.): 38-72.

11. Cavalli-Sforza LL. The Basque population and ancient migrations in Europe. Munibe 1988; supl. 6: 129-137.

12. Coon CS. Las razas humanas actuales. Madrid: Guadarrama; 1969.

13. Demoulin F. Le crâne des Algériens [Tesis Doctoral inédita]. París: Univ. de París VII; 1972.

14. Deniker J. Les races et les peuples de la Terre. París: Masson et Cie; 1926.

15. Ferembach D. Les hommes du Mésolithique. En: Lumley H de, director. La Préhistoire Française, I. París: C.N.R.S.; 1976. p. 604-611.

16. Ferembach, D. Préhistoire et peuplement ancien du Pays Basque. Munibe 1988; supl.6:139-148.

17. Fusté M. Estudio antropológico de los pobladores neo-eneolíticos de la región valenciana. Valencia: Dip. de Valencia, Serv. de Invest. Prehist., Ser. Trab. Varios, n° 20; 1957.

18. Galera V. La población medieval cántabra de Santa María de Hito [Tesis Doctoral inédita]. Alcalá de Henares: Univ. de Alcalá; 1989.

19. Graziosi P. Gli uomini paleolitici della Grotta di San Teodoro (Messina). Riv. Sc. Preist., 1947; 2: 123-239.

20. Hervé G. La race Basque. Rev. de l'École d'Anthrop. 1900; X: 213-37.

21. Howells WW. (1989) Skull Shapes and the Map. Craniometric Analysis in the Dispersion of Modern Homo. Cambridge (Massachusetts): H. U. P.; 1989.

22. Hoyos L de. La raza vasca. San Sebastián: XIX Congreso Asociación española para el progreso de las Ciencias, 1946: 111-141.

23. Hoyos L de. Investigaciones de antropología prehistórica en España, I. Madrid: Inst. "B. de Sahagún" de Antrop. y Etnol., C .S. I. C.; 1950.

24. Knussmann R (editor). Anthropologie, I. Stuttgart: Gustav Fischer; 1988.

25. López M, Ruiz L, Souich Ph du. Algunas características craneales del tipo mediterráneo en restos antropológicos medievales y modernos. En: Caro L *et al.*, editores. Tendencias actuales de investigación en la Antropología Física española. León: Secretariado de Publicaciones, Univ. de León; 2000. p. 65-69.

26. Manzano C, Orúe JM, Rúa C. de la. The "basqueness" of the Basques of Álava: a reappraisal from a multidisciplinary perspective. Am. J. Phys. Anthrop. 1996; 99 (2): 249-258.

27. Marquer P. Les crânes basques de Zaraus (Espagne) et de Saint-Jean-de-Luz (France). Bull. Mém. Soc. d'Anthrop. Paris 1958; 9 (X^e sér.): 354-96.

28. Marquer P. Contribution à l'étude anthropologique du peuple basque et au problème de ses origenes raciales. Bull. Mém. Soc. d'Anthrop. Paris 1963; 4 (XIe sér., 1): 1-240.

29. Martín E, Souich Ph du. Estudio antropológico de la necrópolis altomedieval del Monasterio de Suso (S. Millán de la Cogolla, Logroño). Antrop. y Paleoecol. Humana 1981; 2: 3-20.

30. Norusis MJ. SPSS/ PC+ advanced statistics. Chicago (Illinois): SPSS Inc.; 1986.

31. Piazza A, Capello N, Olivetti E, Rendine S. The Basques in Europe: a genetic analysis. Munibe 1988; supl. 6: 169-177.

32. Pons, J. Restos humanos procedentes de las necrópolis de época romana de Tarragona y Ampurias (Gerona). Trab. Inst. "B. de Sahagún" de Antrop. y Etnol. 1949; VII: 19-206.

33. Prevosti, Mª y A. Restos humanos procedentes de una necrópolis judaica de Montjuich (Barcelona). Trab. Inst. "B. de Sahagún" de Antrop. y Etnol. 1951; XII: 69-148.

34. Riquet R. La race de Cro-Magnon: abus de langage ou réalité objective? En: L'homme de Cro-Magnon. Anthropologie et Archéologie. París: Arts et Métiers Graphiques; 1970. p. 37-58.

35. Riquet R. La taxinomie humaine. En: Ferembach D *et al.*, directores. L'homme, son évolution, sa diversité. París: C. N. R. S.; 1986. p. 501-533.

36. Rúa C de la. El cráneo vasco: morfología y factores craneofaciales. Zamudio: Diputación Foral de Vizcaya; 1985.

37. Rúa C de la. Los estudios de Paleoantropología en el País Vasco. Munibe 1990; 42: 199-219.

38. Ruiz L, Souich Ph du, Lara, Mª L. Estudio antropológico de una colección de cráneos modernos andaluces. Rev. Esp. Antrop. Biol. 1995; 16: 5-17.

39. Souich Ph du. (1978) Estudio antropológico de la necrópolis medieval de La Torrecilla (Arenas del Rey, Granada) [Tesis Doctoral inédita]. Granada: Univ. de Granada; 1978.

40. Souich Ph du, Botella MC. Cráneos modernos de Almuñécar (Granada). En: Caro L *et al.*, editores. Tendencias actuales de investigación en la Antropología Física española. León: Secretariado de Publicaciones, Univ. de León; 2000. p. 81-86.

41. Souich Ph du, Martín E. Los restos antropológicos de la necrópolis medieval de Santa María de la Piscina (S. Vicente de la Sonsierra, Logroño). En: Souich Ph du, Guirao M, editores. 5 Trabajos de Antropología Física. Granada: Lab. Antropología, Inst. "F. Olóriz", Fac. Medicina; 1982. p. 30-41.

42. Souich Ph du, Ruiz L. ¿Había negroides en La Torrecilla?. Acta Historica et Archaeologica Mediaevalia 1995-96; 16-17: 295-297.

43. Souich Ph du, Botella MC, Ruiz L. Antropología de la población medieval de Palacios de la Sierra (Burgos). Bol. Soc. Esp. Antrop. Biol. 1990; 11: 117-46.

44. Souich Ph du, Botella MC, Ruiz L. Antropología de la población medieval de Villanueva de Soportilla (Burgos). Antrop. y Paleoecol. Humana 1991; 6: 57-83.

45. Souich Ph du, Martín E, Botella MC. Los restos antropológicos de la necrópolis medieval de San Baudelio de Berlanga (Berlanga de Duero, Soria). En: Souich Ph du, Guirao M, editores. 5 Trabajos de Antropología Física. Granada: Lab. Antropología, Inst. "F. Olóriz", Fac. Medicina; 1982. p. 78-103.

46. Souich Ph du, Pérez-Pérez A, Alemán I. Acerca del origen local de las poblaciones mediterráneas occidentales. Arch. Esp. Morfol. 2002; 7: 39-52.

47. Turbón D. DNA antiguo y el origen de los vascos. Ludus Vitalis 1997; nº especial (1): 205-246.

40. Souich Ph du, Botella MC. Cráneos modernos de Almuñécar (Granada). En: Caro L *et al.*, editores. Tendencias actuales de investigación en la Antropología Física española. León: Secretariado de Publicaciones, Univ. de León; 2000. p. 81-86.

41. Souich Ph du, Martín E. Los restos antropológicos de la necrópolis medieval de Santa María de la Piscina (S. Vicente de la Sonsierra, Logroño). En: Souich Ph du, Guirao M, editores. 5 Trabajos de Antropología Física. Granada: Lab. Antropología, Inst. "F. Olóriz", Fac. Medicina; 1982. p. 30-41.

42. Souich Ph du, Ruiz L. ¿Había negroides en La Torrecilla?. Acta Historica et Archaeologica Mediaevalia 1995-96; 16-17: 295-297.

43. Souich Ph du, Botella MC, Ruiz L. Antropología de la población medieval de Palacios de la Sierra (Burgos). Bol. Soc. Esp. Antrop. Biol. 1990; 11: 117-46.

44. Souich Ph du, Botella MC, Ruiz L. Antropología de la población medieval de Villanueva de Soportilla (Burgos). Antrop. y Paleoecol. Humana 1991; 6: 57-83.

45. Souich Ph du, Martín E, Botella MC. Los restos antropológicos de la necrópolis medieval de San Baudelio de Berlanga (Berlanga de Duero, Soria). En: Souich Ph du, Guirao M, editores. 5 Trabajos de Antropología Física. Granada: Lab. Antropología, Inst. "F. Olóriz", Fac. Medicina; 1982. p. 78-103.

46. Souich Ph du, Pérez-Pérez A, Alemán I. Acerca del origen local de las poblaciones mediterráneas occidentales. Arch. Esp. Morfol. 2002; 7: 39-52.

47. Turbón D. DNA antiguo y el origen de los vascos. Ludus Vitalis 1997; nº especial (1): 205-246.

www.ingramcontent.com/pod-product-compliance
Lightning Source LLC
Chambersburg PA
CBHW081054170526
45165CB00006B/2270